高等职业教育建筑装饰工程技术专业"十三五"规划教材

建筑装饰工程技术专业毕业设计指导

主　编　殷　滔　张　蓓
副主编　巩艳玲

WUHAN UNIVERSITY PRESS
武汉大学出版社

图书在版编目(CIP)数据

建筑装饰工程技术专业毕业设计指导/殷滔,张蓓主编.—武汉:武汉大学出版社,2017.12
高等职业教育建筑装饰工程技术专业"十三五"规划教材
ISBN 978-7-307-19808-1

Ⅰ.建…　Ⅱ.①殷…　②张…　Ⅲ.建筑装饰—工程施工—毕业实践—高等职业教育—教学参考资料　Ⅳ.TU767

中国版本图书馆 CIP 数据核字(2017)第 276099 号

责任编辑:孙　丽　杨赛君　　　责任校对:路亚妮　　　装帧设计:吴　极

出版发行:**武汉大学出版社**　　(430072　武昌　珞珈山)
　　　　(电子邮件:whu_publish@163.com　网址:www.stmpress.cn)
印刷:湖北画中画印刷有限公司
开本:787×1092　1/16　印张:6.5　字数:153 千字
版次:2017 年 12 月第 1 版　　2017 年 12 月第 1 次印刷
ISBN 978-7-307-19808-1　　定价:33.00 元

前　言

　　本书为高等职业教育建筑装饰工程技术专业"十三五"规划教材之一。为适应建筑装饰行业职业技术教育发展的需要,本书以符合高职高专人才培养的要求为目标,力求突出技能与实用特点,与职业岗位相适应。

　　本书依照职业教育理念,结合国家、行业和地方现行相关规范与标准的规定,以建筑装饰工程技术专业人才培养方案为依据,以基本原理讲授与实际动手能力培养和专业基本技能训练相结合为目标编写而成,注重实践技能的培养,体现高等职业教育高素质技能型、应用型人才培养需求。

　　本书由南通职业大学殷滔和张蓓担任主编,南通职业大学巩艳玲担任副主编,全书由殷滔负责统稿。具体编写分工为:殷滔编写第 1 章、第 3 章、第 5 章,张蓓编写第 2 章,巩艳玲编写第 4 章。国向云老师对本书的编写提出了许多宝贵的建议,在此表示感谢!

　　本书在编写过程中参考了许多同类专著、教材,引用了一些实际工程作为毕业设计课题,在此谨向原作者和设计者表示衷心感谢!

　　本书对建筑装饰工程技术专业毕业设计的内容和实施进行了一些改革的尝试和探索,由于编者水平有限,书中难免有不妥之处,敬请读者批评、指正。

编　者
2017 年 10 月

目　录

1 毕业设计概述

1.1 毕业设计的性质和目标

建筑装饰工程技术专业毕业设计是专业学习中重要的集中性综合实践教学环节,是培养学生综合应用所学基础知识和专业知识能力,独立调研、查阅文献、搜集资料并完成课题和项目的能力,独立分析和解决一般性建筑装饰工程技术问题能力的综合提升阶段。

毕业设计是学生学习深化、拓宽、综合教学的重要过程,是学生学习、研究与实践成果的全面总结,是学生综合素质与工程实践能力培养效果的全面检验,是学生毕业资格认定的重要依据。毕业设计能巩固学生所学的专业基础知识、核心专业技术课程,强化学生的专业技能,提高学生综合应用专业知识、技术和解决工程实际问题的能力,培养学生的创新意识和创新能力,并且可以较为全面地衡量学生专业知识、技术、技能的掌握情况以及应用能力和创新能力。

毕业设计要求学生综合并巩固所学的全部专业课程,通过选题并经过调研和资料搜集完成相应的装饰工程项目的室内设计方案、施工图设计、施工组织设计、工程造价编制等相关资料和内容,为学生毕业顶岗实习和走上工作岗位提供充足的信息资源和充分的技术保障。

根据建筑装饰工程技术专业的培养目标,毕业设计的教学环节应达到以下几个目的:

① 学生在教师的指导下,能独立完成选定的设计任务,保证足够的工作量,并完成相应的设计图纸、说明书等设计文件。

② 学生通过毕业设计,能提高综合运用各种学科的理论知识与技能的能力,培养分析问题和解决工程实际问题的能力。通过学习、研究和实践,深化理论,拓宽知识,提高专业技能。

③ 学生通过毕业设计中的资料搜集、调查研究、方案论证掌握有关工程设计程序、方法和技术规范,提高理论分析、绘图技巧、设计表达、计算机应用、撰写技术文件以及独立解决专题问题等能力。

④ 学生在毕业设计过程中,能树立正确的学习目的和设计思想,培养严谨、认真的科学态度,养成遵章守纪的习惯,提高与他人合作的能力,培养团队精神。

1

1.2 毕业设计的任务和要求

建筑装饰工程技术专业毕业设计提供了 8 个装饰工程的课题,学生可选择其中一个完成所选课题的装饰工程毕业设计。

学生在建筑装饰工程技术专业毕业设计阶段需完成课题的选题,调研,文献查阅,资料搜集,开题构思,方案设计,征求指导意见,施工图设计,施工组织设计,预算编制、修改和补充,资料及成果汇总,毕业设计课题答辩等阶段的任务。

毕业设计的任务和要求可概括为:

① 根据专业学习情况,结合自身优势、未来发展和就业岗位,选择建筑装饰工程技术专业毕业设计的课题类别,对行业、相关企业、工程项目进行深入调查研究,认真分析任务书提供的设计课题,慎重确定具体的课题和项目。

② 根据所选课题和项目,查阅相关书刊、参考文献、网络资源、规范图集等,对搜集的相关资源和资料做好记录、归类和整理工作,并为开题做好各项准备工作。

③ 熟悉搜集的相关资料和资源,进行课题和项目的构思,根据所选课题类型完成装饰工程项目的方案设计,征求指导教师意见,对成果进行补充和修改。

④ 在确定的方案设计基础上,根据所学专业和指导教师的要求,学生完成该项目的施工图设计、施工组织设计、预算编制等内容。

⑤ 整理、搜集资料,并对资料和成果进行汇总,制作资料和成果汇报的 PPT 文件,进行毕业设计课题成果的答辩。

1.3 毕业设计的程序和内容

学生可根据所选装饰工程课题类型分别查阅各课题的室内设计条件和要求。

1. 选题范围

装饰室内设计提供了 8 个设计课题供选择,其中家装室内设计课题 4 个,公装室内设计课题 4 个。学生可根据自身兴趣、发展方向、实习情况和就业可能,在指导教师的指导下确定设计课题。如所选课题不在这 8 个课题内,应与指导教师进行协商,在设计条件和要求充分的情况下,并经指导教师确认后方能进行。

2. 资料搜集

首先,学生应根据所选设计课题进行相关调研,了解课题相关行业、专业及技术信息,如进行行业现状调查,走访企业,考察项目(已建、在建),调查装饰建材市场等。调查中注意做好内容记录、数据搜集和整理,拍摄必要的照片或录像,然后根据搜集的资料进行整理和汇总,作为方案构思和设计方案的依据,并为后续设计提供充实的辅助资料。

其次,应充分利用图书馆、书刊、参考文献、网络资源、专业书店、规范图集等资源搜集与课题相关的信息和资料,如课题涉及的相关行业背景、现状和发展趋势,相关设计风格的概念、表现手法和元素,设计场所的功能、功能区划分和使用流程,课题项目的规模(人数、家具及设备数量)、人体工学尺度和家具设备的相关尺度,课题目前存在的主要问题、解决方法和实际应用。特别是相关的工程案例,是设计课题的重要参考。同样,搜集和查阅的有用资源要做好记录和保存,方便方案设计及后续设计中的参考和使用,特别注意相关图片、数据及图表的搜集,这些可作为成果汇报和课程答辩的有力支持。

3. 方案设计

在进行调研和资料搜集的过程中,以及对相关资料整理和汇总后,应同时进行课题方案的构思,根据项目规模、使用人数和人员层次、使用功能、功能区域划分、使用流程以及整体风格定位和表现手法,完成课题的方案设计。

设计方案原则上应包括设计构想和风格体现说明、墙体改造图和平面布置图,根据情况绘制主要平、立面的设计方案。

4. 设计文件

(1)施工图设计

施工图设计范围包括整个空间的墙体改造,地、墙、顶,水、电,厨卫,家具布置,软装,门窗等。主要空间包括卧室、客厅、卫生间、厨房等。

图纸内容包括墙体改造图、平面布置图、地面铺装图、顶棚布置图、水电改造图、主要立面图、顶棚或立面设计的构造节点图、室内主要透视效果图、设计说明等,图纸数量、内容、深度要求见毕业设计各课题任务书。

(2)施工组织设计

建筑装饰工程施工组织设计,是装饰施工企业管理的主要内容。施工企业根据业主的要求对施工图纸资料,施工项目现场条件和完成项目所需的技术、人力、物力资源量,经营管理方式,拟定最优的施工方案。在技术、组织上,应做出全面、合理、科学的施工管理运作安排,保证优质、高效、经济和安全、环保地完成施工任务。完成项目的施工部署、施工准备计划、施工方法、质量标准、相关措施等。

(3)室内装饰施工图预算

在装饰工程施工图设计的基础上,充分熟悉工程图纸,了解工程概况及现场施工条件,明确主要工序的技术要求,根据工程特点拟定主要分部分项工程的施工方案,按工程造价计价规则和程序正确、准确地分析计算单价,合理地确定装饰工程造价。

完成工程报价范围、工程量清单编制依据、工程质量、材料、施工要求、所用材料乙供、项目报价及装修工程项目报价书。

5. 成果答辩

完成毕业设计后,应回顾调研和搜集资料的过程及成果,并整理、汇总搜集的资料,将有代表性的资料与文献综述和设计成果文件一起作为本次毕业设计课题的成果。

制作一份包含上述内容的成果汇报,在完成毕业设计并合格后参加毕业答辩,答辩内容主要包括毕业设计的情况介绍、调研及搜集资料的过程和内容介绍、设计构想和风格体现说明、设计成果介绍、设计中问题的解决方法介绍、完成毕业设计课题自己的体会和收获以及答辩组提问等。

1.4 毕业设计的资格和评价

1. 毕业设计的资格

凡参加毕业设计的学生应具备必需的专业基本知识。按教学计划,学生在参加毕业设计前应完成两年半(三年制)课程,并且成绩合格,达到规定的学分。学校应对参加毕业设计的学生进行资格审查,包括知识、能力、素质各方面综合考量,合格后方能参加毕业设计。

建筑装饰工程技术专业课程介绍如下。

① 专业核心课程:建筑 CAD、建筑装饰材料、Photoshop 与 3D Max、装饰工程施工技术、环境设计与室内设计、装饰施工组织与管理、CorelDRAW、工程造价软件应用、装饰工程预算定额。

② 专业技术课程:建筑制图、美术基础、平面构成与色彩构成、房屋建筑构造、立体构成、家具设计及陈设设计、建筑设备工程、建筑法规与合同管理、景观规划设计。

③ 专业选修课程:写生色彩、字体设计和标志设计、国际工程承包、工程质量控制、装潢监理、商业展示设计、建筑工程技术档案教程。

④ 集中性实践教学环节:房屋建筑构造课程设计、环境与室内课程设计、建筑装饰技术认识实习、装饰施工实习、建筑装饰技术综合训练、建筑装饰技术毕业设计、建筑装饰技术岗位实习。

2. 毕业设计的评价

建筑装饰工程技术专业毕业设计、毕业答辩的考核评价采用百分制,由指导教师对毕业设计的评价、审阅教师对毕业设计的评价和毕业答辩三部分组成。各部分所占比例各学校可根据实际情况确定。

为杜绝抄袭现象,可适当增加答辩成绩所占比例,并综合学生在毕业设计过程中的态度和认真程度,是否按时完成,与指导教师的交流和沟通,成果的工作量和完成深度进行综合评价。

审阅教师对毕业设计的评价主要是评审教师对该学生完成成果的数量和质量、独创性和创新程度、设计或研究的深度与广度、成果的格式规格是否符合要求等方面进行综合评价。

毕业答辩成绩主要根据学生答辩成果的完备、答辩介绍和说明是否完整流畅、回答提问的表现及总体发挥进行综合评价。

2 毕业设计的理论知识

2.1 室内设计原理

2.1.1 室内设计的内容、分类和风格流派

1. 室内设计的内容

室内设计是建筑设计的组成部分,旨在创造合理、舒适、优美的室内环境,以满足使用和审美的要求。

室内设计的主要内容包括:① 室内空间组织、调整和再创造;② 室内平面功能分析和布置;③ 地面、墙面、顶棚等各界面线形和装饰设计;④ 考虑室内采光、照明要求和音质效果;⑤ 确定室内主色调和色彩配置;⑥ 选用各界面的装饰材料,确定构造做法;⑦ 协调室内环控、水电等设备要求;⑧ 家具、灯具、陈设等的布置、选用或设计,室内绿化布置。

2. 室内设计的分类

室内设计和建筑设计类似,从大的类别来分可分为:① 居住建筑室内设计;② 公共建筑室内设计;③ 工业建筑室内设计;④ 农业建筑室内设计。

由于室内空间使用功能的性质和特点不同,各类建筑主要空间的室内设计对文化艺术和工艺过程等方面的要求也各自有所侧重。

室内空间环境按建筑类型及其功能的设计分类,其意义主要在于:使设计者在接受室内设计任务时,首先应该明确所设计的室内空间的使用性质,即所谓的设计"功能定位"。这是由于室内设计造型风格的确定、色彩和照明的考虑以及装饰材质的选用,无不与所设计的室内空间的使用性质,以及设计对象的物质功能和精神功能紧密联系在一起。

3. 室内设计的风格和流派

室内设计风格和流派的形成,是不同的时代思潮和地区特点,通过创作构思和表现,逐渐发展成为具有代表性的室内设计形式,属于室内环境中的艺术造型和精神功能范畴。风格和流派往往和建筑甚至家具的风格和流派紧密结合。

(1)室内设计的风格

① 古典传统风格。

例如,传统中式、罗马式、哥特式、文艺复兴式、巴洛克、洛可可、古典主义等风格。

此外,还有伊斯兰传统风格、日本传统风格、印度传统风格、北非城堡风格等。传统风格常给人们以历史延续和地域文脉的感受,突出了室内环境中民族文化渊源的形象特征。

② 现代风格。

现代风格强调突破旧传统,创造新形势,重视功能和空间组织,注意发挥结构构成本身的形式美,造型简洁,反对多余的装饰。

现代风格总是和新材料、新工艺联系在一起,符合现代生活的需要和时尚流行的审美情趣,简洁实用,强调设计对人们生活观念和生活方式的影响。

③ 后现代风格。

后现代风格强调建筑及室内装潢应具有历史的延续性,但又不拘泥于传统的逻辑思维方式,探索创新造型手法,讲究人情味,常在室内设置夸张、变形的柱式和断裂的拱券,或把古典构建的抽象形式以新的手法组合在一起。

后现代风格是对现代风格的批判和发展,是当今较流行的一种设计思潮,其作品所追求的是实用的理性和视觉审美的感性的结合。

④ 自然风格。

自然风格倡导设计自然空间,美学上推崇"自然美",力求表现悠闲、舒畅、自然的田园生活情趣,也常运用天然木、石、藤、竹等材质质朴纹理,并巧于设置室内绿化,创造自然、简朴、清新淡雅的氛围。其包括中式田园风格、英式田园风格、美式乡村风格、法式乡村风格、东南亚风格、韩式田园风格、地中海风格、北欧风格、日式风格等。

⑤ 综合型风格。

综合型风格室内设计在总体上呈现多元化、兼容并蓄的状况。室内布置既趋于现代实用,又吸取传统的特征,在装潢与陈设中融古今中西于一体。综合型风格在设计中不拘一格,运用多种手段,设计往往独具匠心,深入推敲形体、色彩、材质等方面的总体构图和视觉效果,追求实用、经济和美观。

(2) 室内设计的流派

室内设计的流派是指室内设计的艺术派别。现代室内设计从所表现的艺术特点分析,有多种流派。从学术的角度看,经常提到的流派有以下几种。

① 高技派。

高技派突出当代工业技术的成就,并在建筑形体和室内环境设计中加以炫耀,崇尚高新技术。在室内暴露梁板、网架等结构构件以及风管、线缆等各种设备管道,强调空间的工艺与技术的构成,以此来表现设计的时代感。

② 光亮派。

光亮派也称为银色派,追求丰富、夸张、富于戏剧性变化的室内氛围和艺术效果。大理石、金属和玻璃是构成空间的主要材料,刀刻般的夸张的界面效果,缤纷的色彩和照明,无不突出室内建筑的技术含金量。

③ 白色派。

白色派也叫作平淡派。它的室内设计朴实无华,室内各界面甚至家具等常以白色为基调,简洁明朗,反对装饰。

④ 新洛可可派。

新洛可可派秉承了洛可可风格繁复的装饰特点,但装饰造型的"载体"和加工技术却运用现代新型装饰材料和现代工艺手段,从而具有华丽而略显浪漫,传统中仍不失时代气息的装饰氛围。

⑤ 风格派。

风格派的室内设计,在色彩及造型方面都具有极为鲜明的特征与个性。

⑥ 超现实派。

超现实派追求所谓超越现实的艺术效果,具有颓废、厌世者的思想情绪,利用虚幻环境填补心灵上的空虚。神秘离奇和光怪陆离的环境氛围是超现实派最常见的表现手法,尤其在空间的形态、色彩和照明的运用上,极尽夸张之能事,以取得强烈的视觉效果。

⑦ 解构主义派。

其形式的实质是对结构主义的破坏和分解,把原来的形式打碎、叠加、重组,追求与众不同,往往给人意料之外的刺激和感受。解构主义就是打破秩序后再创造更为合理的秩序,空间设计粗放浑厚,结构上巧妙安排,营造出室内神奇的光影效果,结合空间造型,给人造成一种难以言表的心理感受。

⑧ 装饰艺术派。

装饰艺术派善于运用多层次的几何线型及图案,重点装饰建筑内外门窗线脚、檐口及建筑腰线、顶角线等部位。装饰艺术派通过对空间中界面的精心处理,几何形轮廓清晰有力,融合了华美、魔幻与奢侈,使环境氛围更具有感染力,更能表现出建筑空间的功能特性。

⑨ 孟菲斯派。

当前社会是从工业社会逐渐向后工业社会或信息社会过渡的时期,人们对自身周围环境的需要除了能满足使用要求、物质功能之外,更注重对环境氛围、文化内涵、艺术质量等精神功能的需求。

室内设计不同艺术风格和流派的产生、发展和变换,既是建筑艺术历史文脉的延续和发展,具有深刻的社会发展历史和文化的内涵,同时也必将极大地丰富人们的精神生活。

2.1.2 室内设计的依据、要求和原则

1. 室内设计的依据

室内设计主要有以下各项依据:

① 人体尺度以及人们在室内停留、活动、交往、通行时的空间范围,可以简单归纳为静态尺度(人体尺度)、动态活动范围(人体动作域与活动范围)、心理需求范围(人际距离、领域性等)。

② 家具、灯具、设备、陈设等的尺寸以及使用、安置它们时所需的空间范围。

③ 室内空间的结构构成、构件尺寸、设施管线等的尺寸和制约条件。

④ 设计环境要求、可供选用的装饰材料和可行的施工工艺。

⑤ 业已确定的投资限额和建设标准,以及设计任务要求的工程施工期限。

2．室内设计的要求

室内设计的要求主要有以下各项:

① 具有使用合理的室内空间组织和平面布局,提供符合使用要求的室内声、光、热效应,以满足室内环境物质功能的需要。

② 具有造型优美的空间构成和界面处理,宜人的光、色和材质配置,符合建筑物性格的环境氛围,以满足室内环境精神功能的需要。

③ 采用合理的装修构造和技术措施,选择合适的装饰材料和设施设备,使其具有良好的经济效益。

④ 符合安全疏散、防火、卫生等设计规范,遵守与设计任务相适应的有关定额标准;随着时间的推移,考虑具有适当调整室内功能、更新装饰材料和设备的可能性。

⑤ 考虑可持续发展的需求,室内环境设计应充分考虑室内环境的节能、节材、防止污染,符合生态需求,并充分利用和节省空间。

⑥ 加大室内设计与建筑装饰的科技含量,如采用工厂预制、现场以干作业安装为主等现代工业化的设计和施工工艺,这对于住宅等大量性建筑尤为重要。

从上述室内设计的依据和设计要求来看,室内设计对室内设计师应具有的知识和素养提出了相应的要求,或者说应该按上述各项要求的方向,努力提高自己能力。

3．室内设计的原则

为了分析和评价设计,首先需要了解室内设计的基本原则和形式美的法则,这些是进行室内设计的前提。学习这些知识,以便从正确的方向进行设计。

(1) 室内设计的功能原则

理想的室内环境应该达到使用功能和精神功能的完美统一。建筑是为了使用目的而建造的,所以,室内空间首先应该满足使用功能的要求,达到合理、安全、舒适的目的。

① 满足人体尺度和人体活动规律;

② 按人体活动规律划分功能区域;

③ 符合功能的性质;

④ 各功能空间应有机结合,满足物理环境质量要求,满足精神功能要求。

(2) 室内设计的美学原则

室内设计是一种造型艺术,室内空间是一种视觉空间。为了使人们在室内空间中获得精神上的满足,室内空间必须满足形式美的原则。形式美的原则是多样统一,也就是在统一中求变化,在变化中求统一。统一性是指室内空间环境具有整体感,变化则使室内空间具有丰富多彩的个性。

室内设计形式处理方面一般都遵循一个共同的准则——多样统一,以保证设计的作品美观、大方。多样统一可以理解成在统一中变化,在变化中求统一。

① 稳定与均衡。

稳定常常涉及室内设计中上下之间的轻重关系的处理,在传统的概念中,"上轻下重,上小下大"的布置形式是达到稳定效果的常见方法。

均衡一般是指室内构图中各要素左与右、前与后之间的联系。均衡常常可以通过完全对称、基本对称以及动态均衡的方法来取得。

② 韵律与节奏。

在室内环境中,韵律的表现形式很多,比较常见的有连续韵律、渐变韵律、起伏韵律和交错韵律,它们分别产生不同的节奏感。

③ 重点与一般。

在室内设计中,重点与一般的关系也经常遇到,比较多的是应用轴线、体量等手法以达到主次分明的效果。室内设计中还有一种突出重点的手法,即"趣味中心","趣味中心"有时也称为视觉焦点。能够成为"趣味中心"的物体一般都具有新奇刺激、形象突出、具有动感和恰当含义的特征。

④ 比例与尺度。

比例是用来衡量事物尺寸和形状的标准,它强调空间与人体、空间与空间、空间与陈设之间的相对尺度,通过合适的对比,获得空间的舒适感。

⑤ 对比与微差。

对比指的是要素之间的差异比较显著,微差则指的是要素之间的差异比较微小。在室内设计中,对比和微差是十分常用的手法,两者缺一不可。

2.1.3 室内设计的方法和程序步骤

1. 室内设计的方法

现着重从设计者的思考方法来分析,室内设计主要注意以下几点:

① 功能定位、时空定位和标准定位。室内环境的设计需要明确是什么性质的使用功能;室内环境的位置所在,应该具有的时代气息和时尚要求;室内环境的规模、总投入和单方造价标准。

② 大处着眼、细处着手,从里到外、从外到里。做到总体与细部深入推敲,局部与整体协调统一。

③ 意在笔先,贵在立意创新。有了想法后再动笔,也就是说设计的构思、立意至关重要。

2. 室内设计的程序步骤

室内设计根据设计的进程,通常可以分为四个阶段,即准备阶段、方案设计阶段、施工图设计阶段和设计实施阶段。

(1) 准备阶段

准备阶段的主要工作内容如下:

① 接受委托任务书,签订合同,或者根据标书要求参加投标;

② 制订客户情况表,了解委托方的具体情况;

③ 明确功能目标;

④ 明确设计目标的方位和形态;

⑤ 了解投资方的投资预算;

⑥ 分析评估；

⑦ 设计创意的确立和制订工作进度表。

（2）方案设计阶段

方案设计阶段是一个需要在不断修改和拓展后定型的阶段，一般可以将这一阶段规划分为两个时期：前期，包括构思立意、草图拓展和细化完善；后期，则是初步方案的文件制作。

方案设计阶段前期：进行构思立意、草图拓展、细化完善。

方案设计阶段后期：确定设计方案，提供设计文件。

室内设计方案的文件通常包括以下几个方面。

① 设计说明：包括项目概况、项目规模、设计依据。

② 设计理念：阐述设计师的设计思想，包括设计主题与风格的选择、设计元素的提炼、设计手法的运用，以及通过设计所要达到的目标。

③ 平面图（包括家具布置）：常用比例通常为 1∶50 或 1∶100，包括功能分区平面图、消防疏散图、交通流线图、设计投影平面图、吊顶平面图（包括灯具、风口等布置）。

④ 室内立面展开图：常用比例为 1∶20 或 1∶50。

⑤ 剖面图。

⑥ 节点放大图。

⑦ 透视图（效果图）：原则上需要每一个空间区域的效果图。

⑧ 装饰材料表：包括采用的墙纸、地毯、窗帘、室内纺织面料、墙（地）面砖、家具、灯具、设备等的规格、型号、用途和用量等。

⑨ 造价概算。

经过造价预算和初步设计方案审定后，方可进行施工图设计。

（3）施工图设计阶段

施工图设计阶段需要补充施工所必需的有关平面布置、室内立面和平顶等图纸，还需包括构造节点详图、细部大样图以及设备管线图，编制施工说明和造价预算。

（4）设计实施阶段

设计实施阶段即工程的施工阶段。室内工程在施工前，设计人员应向施工单位进行设计意图说明及图纸的技术交底；工程施工期间需按照图纸要求核对施工实况，有时还需根据现场实况提出对图纸的局部修改或补充；施工结束时，会同质检部门和建设单位进行工程验收。

2.1.4 室内空间的组织和界面处理

1. 室内空间组织

人们的大部分时间生活在室内这个特殊的空间环境中，这个环境与人的关系最为密切。建筑室内环境，其实质是人的各种生活和工作活动场所所要求的理想空间环境。

（1）建筑室内空间的构成要素

人对空间审美感知主要是通过空间所处的环境氛围、造型风格和象征含义决定的。

它给人以情感意境、知觉感受和联想。人类利用这种对空间的审美认知心理,可以根据不同空间构成所具有的性质特点来区分空间的类型或类别。

① 固定空间和可变空间(或灵活空间)。

固定空间常是一种经过深思熟虑、功能明确、位置固定的空间,因此可以用固定不变的界面围隔而成。例如,目前居住建筑设计中常将厨房、卫生间作为固定不变的空间,以确定其位置,而其余空间可以按用户需要自由分离。可变空间则与此相反,为了能适应不同使用功能的需要而改变其空间的形式,因此常采用灵活可变的分隔方式,如折叠门、可开可闭的隔断。

② 静态空间和动态空间。

静态空间一般来说形式比较稳定,常采用对称式和垂直水平界面处理。其空间比较封闭,构成比较单一,视觉常被引导在一个方位或落在一个点上,空间常表现得非常清晰、明确,一目了然。动态空间或称为流动空间,往往具有空间的开敞性和视觉的导向性,界面(特别是曲面)组织具有连续性和节奏性,空间构成形式富有变化性和多样性,常使视线从这一点转向那一点。

③ 开敞空间和封闭空间。

开敞空间和封闭空间有程度上的区别,取决于房间的使用性质和与周围环境的关系,以及视觉上和心理上的需要。在空间感上,开敞空间是流动的、渗透的,它可提供更多的室外景观和扩大视野;封闭空间是静止的、凝滞的,有利于隔绝外来的各种干扰。开敞空间更具有共性和社会性,而封闭空间更具私密性和个体性。

另外,有的空间让人觉得具有肯定性和模糊性,或者具有虚拟性和虚幻性,以及诸如中国园林设计所追求的"步移景异、得景随机"的空间艺术效果。这些都是通过对界面的不同构成和处理而获得的认知效果。人类对空间的认知由于时代和地域的不同而存在差异。

(2) 空间的序列

空间的序列,指空间环境先后活动的顺序关系,是设计师按建筑功能给予合理组织的空间组合。各个空间之间有着顺序、流线和方向的联系。空间序列设计除了要满足人的行为活动的需要之外,还是设计师从心理上积极影响人的艺术手段。换句话说,设计师在空间序列设计上要给人先看什么,后看什么,这就是空间序列的内容。

① 空间序列设计的四个阶段。

a. 开始阶段:序列设计的开端,它预示着将开展的内幕,如何创造出具有吸引力的空间氛围是其设计重点。

b. 过渡阶段:序列设计的部分,是培养人的感情并引向高潮的重要环节,具有引导、启示、酝酿、期待以及引人入胜的功能。

c. 高潮阶段:序列设计的主体,是序列的主角和精华所在,这一阶段的目的是让人获得在环境中激发情绪,产生满足感的种种最佳感受。

d. 结束阶段:由高潮恢复到平静,也是序列设计中必不可少的一环,精彩地结束设计,要达到使人回味,追思高潮后的余音之效。

② 空间序列设计的手法。

一般来说,影响空间序列的因素主要是序列长短、高潮的数量和位置的选择。这主要是由空间的规模和空间的使用性质所决定的。空间大,那么它的结构就可能比较复杂,相应地它的层次也会增加。任何一个空间的序列设计都必须是结合色彩、材料、陈设、照明等环节来实现的,但是作为设计手法的共性,有以下几点值得注意。

a. 导向性。所谓导向性,就是以空间处理手法引导人们行动的方向性。设计师常常运用美学中各种韵律构图和具有方向性的形象类构图,作为空间导向性的手法。

b. 视线的聚焦。导向性有时也只能在有限的条件内设置,在整个序列设计过程中,有时还必须依靠在关键部位设置引起人们强烈注意的物体,以吸引人们的视线,勾起人们向往的欲望,控制空间距离。视线的聚焦一般采用具有强烈装饰趣味的物件标志,多在交通的入口处、转折点和容易迷失方向的关键部位设置,如有趣的动静雕塑,华丽的壁饰、绘画,形态独特的古玩,奇异多姿的盆景等。

c. 空间构图的多样与统一。空间序列的构思是通过若干相互连接的空间,构成彼此有机联系、前后连续的空间环境,它的构思形式随着功能要求而不同。

(3) 空间的分隔和组织

① 空间的分隔。

空间的分隔其实是单个空间的设计问题,小到住家的房间,大到公共空间大厅的具体空间分隔设计。室内的空间分割,按分割的程度可分为以下 4 类。

a. 绝对分割。绝对分割出来的空间就是常说的"房间"。这种空间封闭程度高,不受视线和声音的干扰,与其他空间没有直接联系。

b. 相对分离。相对分离的形式比较多,被分隔出来的空间封闭程度较小,或不阻隔视线,或不阻隔声音,或可与其他空间直接来往。

c. 弹性分隔。有些空间是用活动隔断(如折叠式、拆装式隔断)分隔的,被分隔的部分可视需要各自独立,或视需要重新合成大空间,目的是增加功能上的灵活性。

d. 象征分隔。象征分隔多数情况下是采用不同的材料、色彩、灯光和图案来实现的。利用这种方法分隔出来的空间其实就是一个虚拟空间,可以为人所感知,但没有实际意义的隔断作用。

良好的分隔总是虚实得体和构图有序。空间分隔从形式上又可分为垂直分隔和水平分隔两大类。

垂直型分隔空间方式,通过利用建筑物的构件(如建筑结构本身的立柱、翼墙等)、家具、建筑小品、灯具、帷幔、壁炉以及绿化、花格等将室内空间作竖向分隔。

水平型分隔空间是在室内空间的高度方向上做种种分隔,利用挑台、看台、夹层、天棚、阶梯、地面高差等,对室内空间做水平方向上的分隔。

实际生活中空间分隔的形式繁多,无严格的程式,可以按照空间的具体条件和功能要求以及设计师的构思做种种选择和表现,而且在具体的空间分隔过程中,往往是几种分隔方式并存。

② 空间的组织。

当设计师面对要创造和界定一个围合起来的空间时,空间组织的概念将有助于对已有的空间结构做出系统分析。空间的布置主要是一个根据需要,对远近距离、大小尺寸和使用功能做出安排的问题,各种空间问题实际上都存在多种解决方法,但归纳起来基本上有四种空间的组织排序系统,即线性结构、放射结构、轴心结构和格栅结构(线性结构,空间沿着一条线排列;放射结构,有一个中央核心,各空间围绕中心或从中心向外延伸;轴心结构,包括在重要的空间方位交叉和以其为终端的线性结构;格栅结构,在两组互为轴线的平行线之间建立重复的模块结构),它们构成了所有空间规划的基础。

(4) 空间的构图

优秀设计作品的目标就是实用性、经济性、美观性和独特性的完美统一。人们在探索实现这一目标的方法时,能发现在自然界与艺术中蕴含着某些规律性的原理——平衡、节奏和加强。它们就好比是一组简单而丰富的三重唱,可解释为什么某些空间和形状、线条和肌理的组合比其他组合显得更有效,看上去也更美一些。

① 平衡。

平衡即对立双方在数量或质量上的相等。居室是人活动的空间,它的平衡由家具、陈设、光线和人的活动表现出来。人们在习惯上将平衡分成三类:对称平衡、不对称平衡和中心平衡。

a. 对称平衡。对称平衡也称为两侧相等的、正规的或者被动的平衡。当某物的一边是另一边的倒影(镜像)时便产生了对称,如同我们的身体。对称平衡中蕴含着的庄严、严谨和高贵,在古典建筑和传统室内装饰中得到了很好的体现。

b. 不对称平衡。不对称平衡也被认为是非正式的、主动的和隐藏的不平衡。不对称平衡产生于视重的相等,而尺寸、形状、颜色、样式、间距、无形的中心轴两边的分布却不相等。

不对称平衡的效果和对称平衡有着显著的区别。不对称平衡更迅速有力地激发人们的视觉兴奋,暗示着运动、自发和非正式性。不对称平衡没有对称平衡那么明显地引起人们探究平衡建立方式的好奇心,从而激发了更深的思想,散发着更加持久的魅力。

c. 中心平衡。当一个组合在中心点周围重复出现并都得到了平衡,这就是中心平衡。

② 节奏。

节奏被定义为连续的、循环的或有规律的运动。通过应用节奏,我们可以做到总体上的统一性和多样性。节奏以不同的方式美化着我们的居室。重复、渐变、过渡和对比是节奏运用中的四种基本方法。

a. 重复。

简单来说,重复就是重复使用直线或者曲线、颜色、材质或者图案。

b. 渐进。

渐进是有序的、有规则的变化,是对一种或者几种特征性质按照顺序排列或者层次渐变。

c. 过渡。

过渡是使节奏更加微妙的表现形式。它引导着我们的目光以一种柔和缓慢的、连续不断的、不受阻挡的视觉流的形式从一处转移到另一处。

d. 对比。

对比是有意地将形状或者颜色形成强烈反差,而且是突然地变化而不是逐渐地变化。

③ 加强。

加强通常是从主次方面的角度来考虑的,它要求在对整体和每一个部分予以适当重视的同时,着重加强那些重要的部分,次要的部分则可以一带而过。

④ 尺度与比例。

尺度与比例是两个非常相近的概念,都用于表示事物的尺寸和形状。它们所涉及的仅仅是大小、数量和程度问题。在建筑或室内设计领域中,比例是相对的,它常用于描述部分与部分或部分与整体的比率,或者描述某物体与另一物体的比率。

⑤ 和谐。

虽然在设计策略上要突出一定的层次感,但维持整体的和谐依然十分重要,这样各部分才不会看上去像是随意堆砌的或互相冲突的。和谐被定义为一致、调和或是各部分之间的协调。其主张在室内设计中,无论是单个房间还是整套住宅,都应让各部分保持统一的主题。

2. 室内界面处理

人们使用和感受室内空间时,通常直接看到甚至接触的为室内的界面实体。所谓室内界面,即围合成室内空间的底面(楼、地面)、侧面(墙面、隔断)和顶面(平顶、顶棚)。在界面设计时重点要考虑的是界面的线型、色彩、材质和构造这四个方面的问题。

(1)界面的要求和功能特点

底面、侧面、顶面等各类界面,进行室内设计时,既对它们有共同的要求,在使用功能方面又各有它们的特点。

① 各类界面的共同要求。

a. 耐久性及使用期限。

b. 耐燃及防火性能,现代室内装饰应尽量采用不燃及难燃性材料,避免采用燃烧时释放大量浓烟及有毒气体的材料。

c. 无毒,指散发气体及触摸时的有害物质低于核定剂量。

d. 无害的核定放射剂量,如某些地区所产的天然石材具有一定的氡放射剂量。

e. 易于制作、安装和施工,便于更新。

f. 必要的隔热保暖、隔声及吸声性能。

g. 符合装饰及美观要求。

h. 相应的经济要求。

② 各类界面的功能特点。

a. 底面(楼、地面):耐磨、防滑、易清洁、防静电等;

b. 侧面(墙面、隔断):具有遮景借景等视觉功能,按要求能达到较高的隔声、吸声、保暖、隔热等标准;

c. 顶面(平顶、顶棚):质轻,光反射率符合设计要求(一般情况需要较高的反射率),较高的隔声、吸声、保暖、隔热要求。

（2）界面装饰材料的选用

室内装饰材料的选用，是界面设计中涉及设计成果的实质性的重要环节，它直接影响室内设计整体的实用性、经济性、环境气氛和美观性。

界面装饰材料的选用，需要考虑下述几方面的要求：

① 适应室内使用空间的功能性质。

② 适合建筑装饰的相应部位。

③ 符合更新、时尚的发展需要。

④ 巧于用材。

2.1.5　室内色彩设计

1. 室内色彩设计的依据

室内色彩设计时应该考虑以下因素：

① 室内空间的使用功能；

② 使用者对色彩的偏爱；

③ 空间的大小、形式和方位；

④ 室内的家具；

⑤ 使用者的类别，包括年龄、性别、职业等。

2. 室内色彩设计的原则、步骤与方法

（1）室内色彩设计的原则

室内是空间、物体各种形与色的大汇合，室内色彩设计中不仅要考虑各部分自身的色彩秩序，还要考虑各部分之间的总体秩序，以及需要处理好以下几种关系：

① 背景色与物体色的关系。根据色彩面积对比的原理，背景色用彩度较低的沉静色为宜；物体色可采用对比性较强的色彩，以表现主要物体。

② 基调色与重点色的关系。处理基调色与重点色的关系，应有利于突出室内空间的主从关系、虚实关系，以表现空间色调的整体感。

③ 固有色与条件色的关系。在室内环境中光源越强，条件色越明显，室内的色调也就越统一。

（2）室内色彩设计的步骤

室内色彩设计的步骤如表 2-1 所示。

表 2-1　　　　　　　　　　　　　　　室内色彩设计的步骤

序号	步骤	主要工作内容	必要资料
1	调查研究，查找资料	了解室内空间的功能、风格、特征及业主的要求等	书面资料
2	色彩构思	绘制效果图、草图，对室内色彩设计做初步的设想	室内的平面图、立面图、色彩透视图

序号	步骤	主要工作内容	必要资料
3	确定室内基调色	选择主要用的材料;按实际使用的面积、比例,进行组合比较;确定基调色	主要饰面材料、孟赛尔彩色图标
4	推敲陈设与家具等色彩	在初步确定主要材料色彩后,认真推敲陈设、家居及小饰品的色彩;研究确定整体色调	陈设、家居等样本或色彩样稿
5	编制色彩一览表	编制色彩一览表,选用标准色表;选择全部材料样本	
6	校核色彩设计方案	根据校核表深入研究色彩设计方案	
7	确定基调色、主要色,绘出彩色效果图	确定色彩,编制色彩设计表,并在平面、立面或展开面上标出各部分饰面材料及孟赛尔标色符号及整理编号	
8	调整部分色彩或用材	根据校核情况调整部分色彩或用材	
9	施工管理、局部调整	在现场施工中对色彩设计进行局部修正	

（3）室内色彩设计中的色彩处理方法

室内各界面的色彩处理方法介绍如下。

① 墙面的色彩。

墙面色彩通常是室内物体的背景色,它一般采用低纯度、高明度的色彩。

② 地面的色彩。

地面与墙面一样,对其他物体起着衬托作用,同时又具有呼应和强调墙面色彩的作用,通常地面色彩应该比墙面色彩稍深一些,可选用低纯度、含灰色成分较高的色彩。

③ 顶棚的色彩。

顶棚色彩起反射光线的作用一般,在室内色彩中明度最高,可减轻顶棚的压抑感,增加稳定感,大多采用白色、淡蓝色、淡黄色等。

④ 家居的色彩。

家居在室内占有重要地位,其色彩对室内环境的气氛、格调有着巨大影响。家居的色彩具有两重性,有的家居以墙面为背景色,被墙面衬托;有的家居特别是大面积的组合家居,又是陈设等物件的背景色,与墙面共同起着衬托作用。因此,其色彩要有过渡性和中介性。

⑤ 织物的色彩。

室内的织物一般用量较大,对室内色彩有着不可忽视的影响。织物的色彩处理应在室内基本色调的控制下,做到既协调统一,又充分利用其色彩的多变性和可变性,以创造出丰富的色彩环境效果。

（4）室内空间配色计划

① 无色彩计划。

由黑、白、灰组成的无彩色系,是十分高雅和吸引人的色彩,这种用色效果平静,具有良好的空间感,能为室内的陈设提供良好的背景;但有时会显得单调,可以通过局部介入一种或几种纯度较高的颜色(如黄、绿、蓝、红等色)起点缀作用。

② 类似色色彩计划。

这种配色计划采用色相环中相邻的两个或三个色相,其明度和纯度可进行变化。

③ 补色色彩计划。

此色彩计划采用色相环上 180°的两个相对的对比色进行配色。成功的补色配色是大面积采用低纯度、高明度或低明度的颜色,小面积采用高纯度的对比色,这样才能避免刺眼,达到明快、和谐的效果。

④ 三色色彩计划。

此色彩计划采用色相环上成三角形的三个色组成的三色对比色调,如红黄蓝、橙绿紫,形成的室内空间往往具有很强的视觉冲击力。

2.1.6　室内照明设计

1. 室内自然光源

(1) 室内自然光的采光形式与采光调节

① 室内自然采光的形式。

在建筑的围护结构上开设各种形式的洞口,装上各种透光材料,如玻璃、磨砂玻璃等,形成某种采光的形式。自然采光形式可分为侧面采光与顶部采光。

② 室内自然采光的调节。

所谓室内自然采光的调节,是指人为地对室内采光口采取一定的遮光和控光措施,使自然光通过采光口照射到室内,形成均匀照度。

室内自然采光调节常用的调节手法有:

a. 利用某种抛光材料的反射、扩散和折射特性来控光。

b. 利用软织物(如窗帘)的各种形式,起到透光和挡光的作用。

c. 利用采光口的遮阳板以及室外的绿化,起到遮光和控光的作用。

(2) 自然光在室内环境中的表现

利用自然光在室内环境中的表现时,常常需要采用自然光的一些表现手法,最常用的是利用不同种类的透光材料及其透光特性来控制室内的亮度分布,以及利用各种遮光构件来遮挡或部分遮挡光线。把自然光环境融合到室内设计中,使室内光环境呈现出层次感,生动而富有情调。

2. 室内人工光源和照明方式

(1) 人工光源的主要类型及特点

人工光源主要有白炽灯、荧光灯、高压放电灯。住宅和一般公共建筑所用的主要光源是白炽灯和荧光灯,高压放电灯主要用于工业和街道照明。

(2) 室内照明方式

照明方式是指照明设备按其安装部位或光的分布而构成的基本制式。选择合理的照明方式,对改善照明质量,提高经济效益和节约能源等具有重要作用,并且还关系建筑装修的整体艺术效果。

按照明灯具安装部位分类,照明方式有:① 一般照明;② 局部照明;③ 混合照明。

按照明灯具的分布和照明效果分类,照明方式有:① 直接照明;② 半直接照明;③ 间接照明;④ 半间接照明;⑤ 漫射照明。

3. 室内空间照明艺术效果

(1)室内空间界面照明氛围效果

① 室内顶棚空间界面照明氛围效果。

室内顶棚是室内空间中的特定界面,它在室内起到空间的引导和限制作用,因而它的亮度不宜过大,而且要简洁,照度以满足其使用功能为前提。

② 室内立面空间界面照明氛围效果。

室内的立面空间是体现室内风格的重要视觉空间,常以墙面、柱面等形式出现,照明的手法较为丰富,通常有发光壁、发光槽、灯柱以及装饰照明等形式。

③ 室内地面空间界面照明氛围效果。

室内地面空间界面照明有独特的个性特征和功能特征。利用透光性材料(如玻璃)使地面呈现一种个性的形态,在视觉上形成丰富的层次感,称之为发光地面。

(2)室内空间照明艺术气氛

① 光在空间中的色彩效应。

在室内照明设计中,光在空间中的色彩效应对室内环境气氛影响极大,主要体现在光与室内各个表面的特性、表面的颜色、反光系数、质感、光源的特征以及布置等方面。

② 光在空间中的质感与立体感效应。

质感是视觉上的物体表面纹理,是物体表面的重要特征,通过灯光的照射直接或间接地影响材质表面的反射特征。光主要通过照射方向、光色的效果、光的明暗对比等对质感产生效果。

在室内空间中利用光源的位置、方向和投射角度,在人和物上创造出光影效果,从而形成立体感。

2.1.7 室内陈设与绿化

1. 室内设计中的陈设

和其他器物一样,陈设工艺品可以显示主人的职业特点、志趣爱好,也可以表现地方风格,不仅是高雅的装饰手段,还能起到调整、平衡室内构图的作用。

(1)摆设艺术品的陈设

摆设艺术品包括顶棚织物、壁织物、织物屏风、织物灯罩、布玩具、工具袋、信插、织物插花和织物吊盆等。

(2)悬挂艺术品的墙面陈设

悬挂艺术品包括毛毯、编织壁毯、绣花壁饰、蜡染壁挂、丝网印壁挂等。这些悬吊织物是软质材料,使人感到亲切,人在与它接触的时候,有柔软、舒适的触觉。即使在人不易接触、抚摸的地方,也会使人感到温暖和亲近。

（3）实用摆设品的布置原则

对于各类实用摆设品的布置,总的要求是位置相对稳定,取用方便,与周围环境协调,符合居室空间的形式美。如电视机的布置位置最好选在客厅的主墙面,因为这里视角范围大,便于保持一定视距;电视机的设置高度,一般由屏幕中心到地面为80～120 cm。观赏摆设工艺品的布置应以显露、醒目为主,使其真正起到点缀、美化空间环境,陶冶情操的作用。

悬吊类工艺品如吊灯、吊花、吊画、吊帘等,布置的位置和高度应视室内陈设要求而定。这些工艺品具有组织空间和均衡空间的作用,可以用来弥补空间设计中不易弥补的缺陷。

陈设类工艺品如盆景、盆栽、装饰陶瓷、雕塑、现代装饰器皿等,布置的高度和位置必须服从室内陈设设计的整体要求,但可有一定的灵活性。

2. 室内设计中的绿化

（1）室内绿化的功能

① 生态功能。

室内绿化的生态效应相当于一部自然调节器。它们通过自身的特点能起到改善室内环境条件的作用,如产生新鲜空气,改善室内气候,净化环境,有益于室内环境的良性循环。

② 观赏功能。

植物的形态是自然的,它们曲直有别,疏密相间,高低错落,与建筑物的人为直线、几何形态形成鲜明对比,从而柔化了室内形态,使室内空间更为生动、活泼。

（2）绿化的空间组织形式

室内绿化在室内设计中发挥着重要作用,从形态、色彩等方面调节着空间的形象。绿化在组织空间方面表现手法多种多样,归纳起来主要有空间的过渡、空间的引导、空间的联系、空间的限定、空间的加强、空间的柔化、空间的丰富。

（3）室内绿化的处理手法

室内绿化的处理手法主要有立体法、分隔法、照明法、垂吊法、点缀法、引借法、盆景法、象征法。

2.2　常用装饰材料

2.2.1　主要贴面材料

1. 石材

装饰石材有天然石材和人造石材两大类。

（1）天然石材

天然石材采用天然岩石经加工而成,其强度高,装饰性好,耐久性强,来源广泛,是人类自古以来广泛采用的建筑和装饰材料。其按地质形成原因可分为岩浆岩(火成岩)、变质岩、沉积岩三大类。目前市面上广泛运用的是天然大理石、花岗岩和文化石。

装饰上所指的大理石是广义的,还泛指具有装饰功能,可以磨平、抛光的各种碳酸盐类的沉积岩和与其有关的变质岩,如石灰岩、白云岩、砂岩等。大理石表面颜色、纹理变化较多,深浅不一,质地比较密实,抗压强度较高,吸水率低,表面硬度一般不大,属于中硬石材,一般用于宾馆、展览馆、影剧院、商场、车站等建筑的室内墙面、柱面、服务台、栏板等部位。其耐磨性相对较差,虽可用于室内地面,但不宜用于人流较多场所的地面。大理石由于其耐酸腐蚀能力较差,故一般用于室内。

花岗岩泛指各种以石英、长石为主要的组成矿物,并含有少量的云母和暗色矿物的火成岩和与其有关的变质岩,如花岗岩、玄武岩等。花岗岩构造致密,强度高,密度大,吸水率极低,材质坚硬、耐磨,属于硬石材,素有"千年石烂"的美称。但其开采、加工较困难,故造价较高,属于高级装饰材料,主要应用于大型公共建筑或装饰等级要求较高的室内外装饰工程。

文化石具有天然石材的形状和质感,最吸引人的特点是色泽、纹理能保持自然原石风貌,加上色泽调配变化,能将石材质感的内涵与艺术性展现无遗,是人们回归自然、返璞归真的真实心态体现。常见的文化石有石板、砂岩、石英岩、蘑菇石、艺术石、乱石等。

(2) 人造石材

人造石材具有材质轻,强度高,耐污染,耐腐蚀,无色差,施工方便等优点,且因工业化生产制作,其板材整体性极强,可免去翻口、磨边、开洞等再加工程序,一般适用于客厅、书房、走廊的墙面、门套或柱面装饰,还可用作工作台面及各种卫生洁具,也可加工浮雕、工艺品、美术装潢品和陈设品等。常见的人造石材有水泥型人造石材、聚酯型人造石材、复合型人造石材、烧结型人造石材、微晶玻璃型人造石材等。

2. 陶瓷制品

陶瓷制品是以黏土为主要原料,经配料、制胚、干燥、焙烧而制成的(焙烧温度在1100 ℃左右或以上)。建筑陶瓷是指建筑室内外装饰装修用的烧土制品,广泛用于各类建筑装饰工程中,其主要品种有内外墙面砖、地砖、陶瓷锦砖、琉璃瓦、陶瓷壁画、陶瓷饰品和室内卫生陶瓷洁具等。

3. 墙面装饰织物

墙面装饰织物是指以纺织物和编织物为面料制成的壁纸(或墙布),其原料可以是丝、羊毛、棉、麻、化纤等,也可以是草、树叶等天然材料。目前,我国生产的主要品种有织物壁纸(纸基织物壁纸)、玻璃纤维印花贴墙布、无纺贴墙布、化纤装饰墙布、织锦缎等。

2.2.2　抹灰材料

抹灰材料分为一般抹灰材料和装饰抹灰材料两大类。

1. 一般抹灰材料

一般抹灰材料包括石灰砂浆、水泥砂浆和水泥混合砂浆,应用于建筑内外墙的抹灰,能够起到保护作用,避免龟裂、脱落等质量问题。

2. 装饰抹灰材料

装饰抹灰材料主要是装饰砂浆,以达到美观的装饰效果。其按制作方式不同可分为灰浆类砂浆和石渣类砂浆两类。

(1) 灰浆类砂浆

其通过水泥砂浆的着色或水泥砂浆表面形态的艺术加工,获得一定的色彩、线条、纹理质感而达到装饰的目的。它的主要特点是材料来源广泛,施工操作方便,造价比较低廉,而且通过不同的工艺方法,形成不同的装饰效果,如搓毛灰、拉毛灰、仿面砖、仿毛石等。

(2) 石渣类砂浆

在水泥中掺入各种彩色石粒,制得水泥石粒拌和物并抹于墙体基层表面,然后用水洗、斧剁、水磨等手段除去表面水泥浆皮,露出石粒的颜色、质感。其主要特点是色彩比较明亮,质感相对丰富,且不易褪色,同一般抹灰一样采用不同的工艺方法,形成不同的装饰效果,如水刷石、干粘石、斩假石、水磨石等。

2.2.3　涂料

涂敷于物件表面干结成膜,具有防护、装饰、防锈、防腐、防水或其他特殊功能的物质称为涂料。其用途范围很广,不同类型的涂料功能各异,可以用于飞机、船舶、车辆及各种机械设备等表面的防护、装饰,也可用于建筑物各个部位的表面涂敷,如内外墙面、顶棚、地面和门窗等。其常见的品种可分为以下5类,具体介绍如下。

1. 内墙涂料

内墙涂料是一种以合成树脂乳液为主要成膜物质(基料)的薄型涂料,主要用于室内墙面、顶棚的装饰,常用的内墙乳胶涂料主要有聚醋酸乙烯内墙乳胶涂料、乙丙内墙乳胶涂料、苯丙乳胶涂料、氯偏共聚乳液内墙涂料、隐形变色发光涂料等。

2. 外墙涂料

外墙涂料不仅使建筑物外立面更加美丽、悦目,达到美化环境的目的,也有效地保护了外墙不受介质侵蚀,延长了建筑物的使用期限。其耐水性、耐候性、耐污染性好。常用的外墙涂料主要有合成树脂乳液外墙涂料(包括硅丙乳胶涂料、纯丙乳胶涂料和苯丙乳液涂料)、溶剂型外墙涂料(包括丙烯酸酯外墙涂料、聚氨酯系外墙涂料和氯化橡胶外墙涂料)、复层建筑涂料、硅溶胶外墙涂料、砂壁状建筑外墙涂料(彩砂涂料)、氟碳涂料等。

3. 地面涂料

地面涂料适用于图书馆、健身房、实验室、化工厂等,以及具有耐酸、耐水、耐碱、耐有机溶剂等特殊要求的场所,常见的地面涂料类型有聚氨酯地面涂料、环氧树脂地面涂料、聚醋酸乙烯地面涂料。

4. 防火涂料

把膨胀型或非膨胀型防火材料涂于材料表面,在持续高温或火焰作用下形成隔热层,阻止热量向材料可燃基层上传递,从而达到了阻燃目的。其按用途可分为饰面防火涂料(木结构等可阻燃基层用)、钢结构防火涂料、混凝土防火涂料。

5. 木器常用涂料(油漆)

油漆是涂料中的另一大类,以油脂、分散于有机溶剂中的合成树脂为主要成膜物质或混合物质,在物件表面形成涂膜,主要用于木制品、钢制品等材料表面的装饰和保护。这类涂料的品种繁多,性能各异,常见的有油脂漆、天然树脂漆、清漆、硝基漆、聚酯树脂漆、聚氨酯漆等。

2.2.4 板材

1. 木质板材

木材具有独特性质和天然纹理,质轻高强,保温隔热性好,在建筑工程中(如制作建筑物的门窗、屋架、梁、柱、模板、隔墙、脚手架等)和在现代建筑装饰装修中(如木地板、木制人造板、木制线条等),应用非常广泛。

常见的木材装饰品种主要有实木地板、人造木地板(包括实木复合木地板、强化复合木地板、软木地板、竹地板、活动地板)、木装饰线条、人造板材(包括胶合板、刨花板、纤维板、细木工板、微薄木贴面胶合板、花纹人造板)等。

2. 石膏板

石膏板是以建筑石膏为主要原料制成的,具有质轻,绝热,不燃,防火,防震,加工方便,调节室内湿度等特点。为了增强石膏板的抗弯强度,降低脆性,往往在制作时掺加轻质填充料,如膨胀珍珠岩、膨胀蛭石等。在石膏中掺加适量水泥、粉煤灰、粒化高炉矿渣粉,或在石膏板表面粘贴板等,能提高石膏板的耐水性。以轻钢龙骨为骨架,石膏板为饰面材料的构造体系是目前我国建筑室内轻质隔墙和吊顶制作的最常用做法。

常见的石膏板品种有纸面石膏板和装饰石膏板(包括高效防水石膏吸音装饰板、普通石膏吸音装饰板、石膏吸音板等)两大类。

3. 塑料板

塑料是以合成树脂或天然树脂为主要原料,加入或不加添加剂,在一定的温度、压力下,经混炼、塑化、成型,且在常温下保持制品形状不变的材料。在装饰工程中,采用塑料制品代替其他装饰材料,不仅能获得良好的装饰及艺术效果,还能减轻建筑物自重,提高施工效率,降低工程费用。近年来,塑料装饰板在装饰工程中的应用范围不断扩大。

常见的塑料装饰板按其使用的材料不同,主要分为塑料贴面装饰板、聚氯乙烯装饰板(PVC 装饰板)、波音装饰软片、聚乙烯塑料装饰板(PE 塑料装饰板)、有机玻璃板、亚克力板等。

4. 金属板

金属材料具有强度高,塑性好,材质均匀、致密,性能稳定,易于加工等特点,配上其闪亮的光泽、坚硬的质感、特有的色调和挺拔的线条,在建筑中被广泛应用。在装饰工程中主要运用的金属有金、银、铜、铝、铁及其合金的板材、型材及其制品,特别是钢和铝合金更以其优良的机械性能、较低的价格而被广泛应用。将各种涂层、着色工艺用于金属材料,不但大大改善了金属材料的抗腐蚀性能,而且赋予其多变、华丽的外表,更加确立了其在建筑装饰艺术中的地位。

常见的金属板品种有不锈钢装饰板(彩色钢板)、彩色涂层钢板、彩色压型钢板、搪瓷装饰板、铝合金装饰板、铝塑板等。

2.3 饰面类装饰构造

2.3.1 墙面装饰

墙体是建筑物重要的承重和围护构件,是室内外空间重要的侧界面。墙面装饰按所使用的装饰材料、构造方法和装饰效果的不同,分为抹灰类饰面、涂饰类饰面、饰面板(砖)类饰面、裱糊与软包类饰面。

1. 抹灰类饰面

抹灰是墙面装修的常用方法,采用水泥砂浆、混合砂浆、石膏砂浆或水泥石渣浆等做成各种饰面抹灰层。它广泛用于多种饰面装修的基层,而且其本身也具有良好的装饰效果。

按所使用的材料、工艺和装饰效果的不同,抹灰类饰面可分为一般抹灰、装饰抹灰和清水砌体勾缝三大类。

2. 涂饰类饰面

涂饰类饰面是在墙体抹灰的基础上,局部或满刮腻子处理,使墙面平整后,涂刷选定的浆料或涂料所形成的界面,它具有省工省料,工期短,工效高,造价低等优点。

按涂刷材料种类不同,涂饰类饰面可分为刷浆类(包括可赛银浆、色粉浆、油粉浆等)、涂料类(外墙包括墙薄质涂料、复层花纹涂料、彩砂涂料,内墙包括合成树脂乳液涂料、多彩合成树脂乳液涂料、复层建筑涂料、水性绒面涂料、瓷釉涂料、豪华纤维涂料、彩色珠光涂料)和油漆类(包括调和漆、清漆、防锈漆等)三大类。

3. 饰面板(砖)类饰面

饰面板(砖)类饰面是采用天然或人造的,具有装饰性能与耐水、耐腐蚀性的板、块材料,用直接粘贴或挂钩连接于墙体的饰面做法,具有坚固耐用,色泽稳定,易清洗,耐腐蚀,防水,装饰效果丰富的特点,广泛用于建筑室内外墙面装饰。

饰面板(砖)类饰面分为饰面砖饰面(包括陶瓷面砖、玻璃面砖等)和饰面板饰面(包括石材饰面板、木质饰面板、玻璃装饰板、金属薄板等)两大类。

4. 裱糊与软包类饰面

裱糊与软包类饰面是采用柔性装饰材料,利用裱糊、软包方法所形成的一种内墙面饰面,具有装饰性强,经济合理,施工简便,可粘贴等特点。现代室内墙面装饰常用此类饰面,包括各类壁纸、墙布、棉麻织品、织锦缎、皮革、微薄木等。

2.3.2　顶棚装饰

顶棚俗称天棚或天花板,是室内空间上部通过采用各种材料及形式组合,形成具有使用功能和美学目的的建筑装饰构件,也是构成室内空间的顶界面,可以从空间、光影、材质等方面渲染室内环境,烘托气氛,也隐蔽了各种设备管道和装置,便于安装和检修。按饰面与基层的关系,顶棚可分为两大类:直接式顶棚、悬吊式顶棚。

1.　直接式顶棚

直接式顶棚是在屋面板或楼板结构底面直接做饰面材料的顶棚。它具有结构简单,构造层厚度小,施工方便,可取得较高的室内净空,造价较低等特点,但没有提供隐蔽管线、设备的内容空间,故用于普通建筑或空间高度受到限制的房间。

按施工方法,直接式顶棚可分为直接式抹灰顶棚、直接式喷刷顶棚、直接式粘贴顶棚、直接固定装饰板顶棚及结构顶棚。

2.　悬吊式顶棚

悬吊式顶棚是指顶棚的装饰表面悬吊于屋面板或楼板下,并与屋面板或楼梯板留有一定距离的顶棚,俗称吊顶。它可结合灯具、通风口、音响、喷淋、消防设施等进行整体设计,形成变化丰富的立体造型,改善室内环境,满足不同使用功能的要求。

悬吊式顶棚的类型很多,从外观上分为平滑式顶棚、井格式顶棚、叠落式顶棚、悬浮式顶棚;按龙骨材料分类,有木龙骨悬吊式顶棚、轻钢龙骨悬吊式顶棚、铝合金龙骨悬吊式顶棚;按饰面层和龙骨的关系分类,有活动装配式悬吊式顶棚、固定式悬吊式顶棚;按顶棚结构层的显露状况分类,有开敞式悬吊式顶棚、封闭式悬吊式顶棚;按顶棚面层材料分类,有木质悬吊式顶棚、石膏板悬吊式顶棚、矿棉板悬吊式顶棚、金属板悬吊式顶棚、玻璃发光悬吊式顶棚、软质悬吊式顶棚;按顶棚受力情况分类,有上人悬吊式顶棚、不上人悬吊式顶棚;按施工工艺不同分类,有暗龙骨悬吊式顶棚和明龙骨悬吊式顶棚。

2.3.3　楼地面装饰

楼地面是指建筑物底层地面和楼地面的总称。其应具有一定的强度,具有一定的平面刚度及防火、防水、耐磨等性能,能够提高楼地板的隔声、保温性能,起到一定的装饰效果。按工程做法或面层材料不同,楼地面可分为以下 6 类。

1.　整体式楼地面

整体式楼地面是按设计要求选用不同材质和相应配合比,经施工现场整体浇筑或铺贴的楼地面面层。目前,整体式楼地面种类多,使用广,其档次、施工难易及造价则大不相同。

其按材质构成分为 5 大类,包括水泥砂浆、混凝土及水磨石面层,水泥基自流平面层,树脂涂层面层,卷材面层,树脂胶泥、砂浆面层。

2.　块材式楼地面

块材式楼地面是生产厂家定型生产的板块材料,在施工现场进行分块式铺设和粘贴的楼地面面层,广泛运用于室内外地面。

其按板块材料的不同,分为砖楼地面(包括陶瓷地砖、陶瓷锦砖、磨光通体砖、钛合金不锈钢覆面地砖等)、石板材楼地面、镭射玻璃板楼地面、塑料楼地面、活动夹层楼地面、橡胶楼地面、地毯楼地面、预制板块楼地面、料石室外地面等。

3. 木、竹楼地面

木、竹楼地面是指木地板、竹地板、软木地板等铺钉或胶合而成的楼地面面层,具有无毒,无污染,热导率小,绝缘性好,有弹性,脚感好,纹理、色泽自然优美,质感舒适等特点。它一般多用于卧室、舞台、健身房、比赛场、儿童活动房等室内楼地面。

其按面层材料的材质不同,分为木地板楼地面(包括实木地板、实木复合地板、强化复合木地板)、竹地板(包括竹片拼花地板、全竹地板、竹木复合地板)和软木地板(包括软木树脂地板、软木橡胶地板、软木复合弹性木地板)。

4. 卷材楼地面

卷材楼地面是用成卷的材料铺贴在水泥类或其他基层上的楼地面面层,具有吸声、保温、脚感舒适、防滑、施工快捷等优点,特别是地毯地板,广泛应用于宾馆、会堂、家居住宅等地面装饰中。

其按面层材料的材质不同,有塑料地板、地毯以及橡胶地板等。

5. 涂料楼地面

涂料楼地面是用涂料直接涂刷或涂刮在平整基层楼地面之上形成的地面面层,是水泥砂浆地面的一种表面处理形式,用于改善水泥砂浆地面在使用和装饰方面的不足。一般涂料地面均具有耐磨,抗腐蚀,防水防潮,易于清洁,价格低廉,维修方便等特点。

地面涂料品种较多,常见的地面涂料有溶剂型地面涂料(包括过氯乙烯水泥地面涂料、苯乙烯水泥地面涂料、石油树脂地面涂料、聚氨酯地面涂料)和合成树脂厚质地面涂料(包括环氧树脂地面厚质涂料和聚氨酯地面厚质涂料)两大类。

6. 特种楼地面

(1) 防静电楼地面

防静电楼地面是指面层采用防静电材料铺设的楼地面,有防静电水磨石楼地面、防静电水泥砂浆楼地面、防静电活动楼地面,其构造做法与前述内容基本相同。

(2) 发光楼地面

发光楼地面是采用透光材料为面层,光线由架空层的内部向室内空间透射的楼地面,主要用于舞厅的舞池、歌剧院的舞台、豪华宾馆、游艺厅、科学馆等公共建筑楼地面的局部重点点缀。

(3) 网络地板楼地面

网络地板楼地面是指采用阻燃型料壳内填充抗压材料的带有线槽模块、可拼装布线的楼地面面层。它可随意走线,又称为线床地面。网络地板楼地面可满足信息的使用要求,减小钢筋混凝土楼板内穿线管的数量,线槽容量大,可随意改动,扩大线路,操作方便,广泛用于通信、邮电、电子计算机中心等现代办公用房的楼地面。

2.4 幕 墙

建筑幕墙是悬挂于主体结构外侧,融围护功能和装饰功能于一体的外墙饰面,一般不承受其他构件的荷载,只承受自重和风荷载,形似挂幕,又称为悬挂墙。随着科技的进步,外墙装饰材料和施工技术在突飞猛进地发展,产生了玻璃幕墙、石材幕墙及金属装饰板幕墙等一大批新型外墙装饰形式,并不断向着环保性、节能性及智能化方向发展。幕墙的发展及应用打破了传统的建筑造型模式,使建筑更具现代化气息。

建筑幕墙是不承担主体结构荷载与作用的建筑外围护墙,通常由面板(玻璃、铝合金板、石材、陶瓷板)和后面的支撑结构(铝横梁立柱、钢结构、玻璃肋等)组成,并具有以下特点。

(1)建筑装饰效果好

幕墙打破了传统的建筑造型模式中窗与墙的界限,巧妙地将它们融为一体,使建筑物造型美观,实现建筑物与周围环境的有机融合,并通过多种材质组合,色调、光影等变化给人以动态美。

(2)质量轻,抗震性能好

在相同面积的情况下,玻璃幕墙的质量为粉刷砖墙的 $1/12 \sim 1/10$,大大减轻了围护结构的自重,而且结构的整体性好,抗震性能明显优于其他围护结构。

(3)施工安装简便,工期较短

幕墙构件大部分是在工厂加工而成的,因而减少了现场作业和安装操作的工序,缩短了建筑装饰工程乃至整个建筑工程的工期。

(4)更新维修方便

由于幕墙大多由单元构件组合而成,局部有损坏时维修或更换方便,因此其在现代大型建筑和高层建筑上得到了广泛应用。但是,尽管幕墙有上述种种优点,幕墙在实际应用中依然受到某些因素的制约,如幕墙造价相对较高,材料及施工技术要求较高,目前有的材料(如玻璃、金属等)存在反射光线对环境的光污染问题,玻璃材料还容易破损、下坠、伤人等。因此,幕墙装饰的选用应慎重,在幕墙装饰工程的设计与施工过程中必须严格按照有关的规范进行。

幕墙按其饰面材料可划分为三大类:玻璃幕墙、石材幕墙和金属幕墙。

(1)玻璃幕墙

玻璃幕墙主要是应用玻璃作为饰面材料,覆盖在建筑物表面,制作技术要求高,而且投资大,易损坏,耗能大,所以一般只在重要公共建筑立面的处理中运用。玻璃幕墙按组成形式和构造方式的不同,可分为有框式玻璃幕墙、无框式玻璃幕墙和点支式玻璃幕墙。而有框式玻璃幕墙又分为明框式玻璃幕墙、半隐框式玻璃幕墙和隐框式玻璃幕墙三种。

(2)石材幕墙

石材幕墙是利用天然或者人造的大理石与花岗岩进行外墙饰面,具有豪华、典雅,装饰效果强,点缀美化环境等优点。它利用金属挂件将石材饰面板直接悬挂在主体结构上,该类饰面施工简便,操作安全,连接牢固、可靠,耐久、耐候性很好,因而被广泛应用在各大型建筑物的外部饰面。

（3）金属幕墙

金属幕墙是利用一些轻质金属(如铝合金、不锈钢等)加工而成的各种压型薄板或金属复合板进行饰面的幕墙。这类饰面板经表面处理后,作为建筑外墙的装饰面层,不但美观新颖,装饰效果好,而且质量轻,连接牢靠,耐久性也较好。

金属幕墙还常与玻璃幕墙配合使用,使建筑外观的装饰效果更加丰富多彩。

2.5 设备工程

2.5.1 建筑装饰给排水

1. 装饰冷、热水管材

管材采用 PPR(三丙聚乙烯的简称),又叫作无规共聚聚丙烯管,管道外壁有绿线的是冷水管,管道外壁有红线的是热水管,采用热熔接的方式,有专用的焊接和切割工具,有较高的可塑性,价格也很经济。

2. 装饰热水系统

如果是集中热水供应,直接引入即可;分散式热水供应系统需要自己制备热水,目前家装热水制备常用小型设备有燃气热水器、电热水器、太阳能热水器。

① 燃气热水器。注意燃气管道安装要符合要求,避免漏气并方便检修,一般敷设在厨房的柜子里。煤气热水器的排气管要在相应位置预留好排气孔。

② 电热水器。目前市场上电热水器多数为储水式热水器。

③ 太阳能热水器。技术水平最高的太阳能热水器是真空集热管太阳能热水器。

如果卫生间与厨房距离较远,则建议安装两台储水式电热水器,一台装在浴室,一台装在橱柜内。如果家庭日常热水用量较大,或需要多路供水,且厨房与卫生间距离较近,则建议选择一款供水量稍大的燃气热水器。

3. 冷、热水管道布置

① 设计定位:装修水管走线要根据厨房、卫生间实际使用情况,合理确定各用水点如阀门、水龙头、淋浴器、角阀的位置及管道走向途径,画线定位。

② 正确开槽:凿墙、地槽的深度应保证暗敷管道在墙面、地面内,水泥砂浆封补的厚度应满足水管在其暗槽内的施工要求,水管不得高于墙面。路线越短越好,弯头越少越好,水管走线必须走顶部,以利于日后维修,并可以避免防水层的破坏。

③ 电在上、水在下,规避安全隐患。

④ 冷热水分槽布施,水管交叉热上冷下,平行布管左热右冷。

4. 装饰排水系统

卫生洁具是建筑内部排水系统的重要部分,是用来满足生活和生产过程中的卫生要求,收集和排除生活及生产中产生的污、废水的设备。

（1）坐便器

按款式分类:分体坐便器、连体坐便器。

按结构分类:后排污式坐便器、下排污式坐便器。下排污式坐便器排污口在便体下方,连接在地面预留排污口上。下排污式坐便器按墙距分有 350 mm、450 mm 两种尺寸。

按排污方式分类:冲落式坐便器、虹吸式坐便器。

（2）面盆

按款式分类:台上盆、台下盆、柱盆。

按材质分类:陶瓷盆、玻璃盆、铸铁盆、亚克力盆。

（3）浴缸

按功能分类:普通型浴缸、冲浪型浴缸。

按材质分类:铸铁浴缸、钢板浴缸、亚克力浴缸、亚克力合成浴缸、木质浴缸。

（4）洗涤盆

洗涤盆安装在厨房洗菜用,一般采用不锈钢材质,分为单格和双格两种。

2.5.2 建筑装饰采暖

地暖是地板辐射采暖的简称,是以整个地面为散热器,通过地板辐射层中的热媒,均匀加热整个地面,利用地面自身的蓄热和热量向上辐射的规律由下至上进行传导,以达到取暖的目的。

地面辐射供暖按照供热方式的不同主要分为水地暖和电地暖,而电地暖又有发热电缆采暖电暖和电热膜采暖碳纤维电暖两种。

（1）水地暖

水地暖是指把水加热到一定温度,输送到地板下的水管散热网络,通过地板发热而实现采暖目的的一种取暖方式。热水来源可以和热水系统通盘考虑。

（2）发热电缆地面辐射供暖

发热电缆地面辐射供暖是以低温发热电缆为热源,加热地板,通过地面以辐射（主要）和对流（次要）的传热方式向室内供热的供暖方式。

2.5.3 建筑装饰通风空调

1. 通风工程

（1）卫生间通风

通风关系整个卫生间的干燥与舒适度,适时通风自然而然就能将卫生间中的异味带走。如果卫生间有窗户的话,每天开窗自然通风,效果当然最好。不过许多小户型卫生间本身就没有窗户,加之空间比较狭小,通风除味就只能依靠排气扇和通风管道了。

（2）厨房通风

厨房通风可开窗自然换气,或者使用排油烟机或专用排风机。厨房的排风管应尽量避免过长的水平风道。厨房的排风竖井最好与排烟道靠在一起,以加大抽力。

2. 空调工程

（1）分体式空调

分体式空调包括壁挂式和落地式两种,不受安装位置的限制,更易与室内装饰搭配,噪音较小。分体式空调具有多重净化功能,可对室内空气进行净化,具有换气功能的分体空调可保证健康。

（2）小型家用中央空调

与普通分体式空调相比较,家用中央空调有着无可比拟的优势,它拥有嵌入式、卡式、吊顶落地式等十几种样式,每种样式又有许多型号相对应,送风方式可供选择的方案多达数百种。这就给用户提供了很多选择机会。它还有许多与室内装修相配的装修方案供用户选择,能够真正满足用户的个性化需求。

按照输送介质的不同,家用中央空调分为风管式系统、冷/热水机组以及多联型系统三种类型。

2.5.4　建筑装饰电气

1. 装饰照明的基本原则

装饰照明的基本原则有:

① 经济性。

② 充分的照度。

③ 亮度分布合理。

④ 避免眩光。

⑤ 光色与环境协调。

2. 建筑装饰照明的主要方式

（1）吊灯照明

所有垂吊下来的灯具都归入吊灯类别。它又分为单头吊灯和枝形吊灯。目前吊灯吊支已装上弹簧或高度调节器,可适合不同高度的楼底。

① 客厅吊灯。

客厅吊灯是每一个家庭在装修时必不可少的照明灯饰,一般可在房间的中央装一盏单头或多头的吊灯作为主体灯,创造稳重大方、温暖的环境,使客人有亲切感。

顶灯的选用按客厅的面积和高度来确定,如果面积仅十多平方米,而且居室形状不规则,那么最好选用吸顶灯;如果客厅又高又大,可按照主人的年龄、文化、爱好及其对舒适与温馨的看法和标准,以及对光照风格的要求选择吊灯。

② 卧室吊灯。

卧室吊灯光源颜色一般以白色为佳,卧室吊灯避免三盏灯并排,一般以单数为佳。卧室灯光必须柔和,不要太刺眼,有利于睡眠。

③ 餐厅吊灯。

常用的餐厅吊灯的安装高度,根据房间的层高、餐桌的高度、餐厅的大小来确定。

（2）筒灯照明

筒灯是一种嵌入到天花板内光线下射式的照明灯具。它的最大特点就是能保持建筑装饰的整体统一与完美，不会因为灯具的设置而破坏吊顶艺术的完美、统一。这种嵌装于天花板内部的隐置性灯具，所有光线都向下投射，属于直接配光。

（3）灯带

灯带是指把 LED 灯用特殊的加工工艺焊接在铜线或者带状柔性线路板上面，再连接上电源发光，因其发光时形状如一条光带而得名。因为灯带上面一般都焊接 LED，故也称为 LED 灯带。

3. 装饰电气

家庭电路一般由进户线（也叫作电源线）、电能表、空气开关、用电器、插座、导线、开关等组成。

（1）配电箱（强弱电）

配电箱包括强电配电箱和弱电配电箱两种。

① 强电配电箱。

强电配电箱是所有用户用电的总的一个电路分配箱。正常运行时可借助手动或自动开关接通或分断电路，故障或不正常运行时借助保护电器切断电路或报警。其内部主要安装自动空气断路器。它主要负责住宅内部插座和灯具的供电，一般家装照明作为一个回路。插座回路中厨房、卫生间、空调回路都要单独设置，其他插座可视具体情况确定是合用还是分开设置。

② 弱电配电箱。

家用电器中的电话、电脑、电视机的信号输入（有线电视线路），音响设备（输出端线路）等用电电器均为弱电电气设备。这些用电设备的控制设备一般放在弱电配电箱内。

（2）配管

在家装电气改造中，首先要考虑电气配管，一般选择塑料管暗敷在地面、墙面、吊顶内。

（3）电线

电线采用 BV 电线，电线颜色：A 线黄色，B 线绿色，C 线红色，N 线浅蓝色，PE 线黄绿双色。

（4）常用开关

家装常用开关为翘板开关，可根据灯具的控制要求选择种类和安装位置。

（5）常用插座（强弱电）

① 按插孔的数量分类：单相两极插座，单相三极插座，单相二、三极插座。

② 按是否防水分类：普通插座、防水插座（卫生间使用防水插座）。

③ 按有无保护门分类：无保护门插座、有保护门插座。家里有儿童的，宜采用有保护门插座。

④ 弱电插座：弱电系统相对应的是弱电插座，根据设备的具体位置设定。

3 毕业设计的组织与内容

3.1 毕业设计工作的组织与实施

3.1.1 组织落实

1. 组织保障

毕业设计应有相对固定、成熟的组织管理体系,应由学校(或学院)分管教学或实践教学的领导牵头,由专业教研室负责具体实施,做好设计分组、课题遴选、任务书编制、设计指导、阶段划分、成果汇总、毕业答辩、成绩评定等环节和内容的总体规划和文件编制。

2. 指导教师

根据毕业学生人数确定指导教师数量,原则上每个指导教师指导学生人数不超过 10人。指导教师应由具有中级及中级以上职称的教师、装饰企业的设计或工程技术人员担任,企业人员可全程参与,也可参与答辩等部分环节。

毕业设计组应实行指导教师负责制,每位指导教师应对整个毕业设计的教学活动全程全面负责。

3. 设计分组

以指导教师为单位形成毕业设计小组,毕业设计的全部内容可由每位学生单独完成,也可由几位同学协作完成,各学校可根据学校情况、毕业生数量、学生成绩、课题难度和工作量大小、完成成果的内容等方面综合考虑确定。协作小组的人数一般以 2~3 人为宜,注意力量搭配均衡,适当照顾本人的课题意愿,男女生比例恰当,同学间的团结关系等原则,以有利于毕业设计工作的开展。

4. 阶段安排

毕业设计需安排 8 周,实施可分为四个阶段,具体如下。

第一阶段(1 周):进行选题、调研、资料搜集;

第二阶段(1 周):对资料进行整理汇总、开题,进行方案设计;

第三阶段(5 周):完成施工图设计、施工组织设计、装饰施工图预算;

第四阶段(1 周):成果汇总,打印装订,进行答辩准备,完成毕业答辩。

3.1.2 毕业设计指导

建筑装饰工程技术专业毕业设计可分为课题选择、课题调研、搜集资料、方案设计、施工图设计、施工组织设计、装饰施工图预算等几个阶段。

1. 毕业设计过程的管理

① 每个毕业设计小组要设立组长,由组长协助指导教师管理。

② 严格把握各阶段的完成时间,督促学生保质保量按时完成各阶段的任务。

③ 做好毕业设计过程中的考勤工作,并把考勤结果作为平时成绩的重要组成部分。

④ 指导教师定期召开阶段总结会和学生座谈会,学校(或学院)应检查指导教师的指导情况,抽查学生设计的进度和质量。

⑤ 定期组织全体指导教师集中汇报毕业设计完成情况、存在问题,讨论解决办法和应对措施。

2. 毕业设计过程的指导

毕业设计指导在很大程度上决定了毕业设计的质量,指导教师首先要严格要求自己,保证对学生的指导时间,并在毕业设计的全程指导中按以下要求执行:

① 提前分发毕业设计任务书和指导书,要求学生提前学习,下发课题任务,让学生了解选题范围和设计内容。

② 组织召开毕业设计动员大会,可以全体毕业生参加,也可以分专业单独进行,向全体参加毕业设计的师生明确毕业设计的意义、目的、任务、程序、内容、要求等,并对毕业设计任务书、指导书及课题进行详细介绍,便于后续分组和选题。

③ 重视对调研和搜集资料阶段的指导,避免这一阶段出现放任的情况,及时给予学生方向性的指导,并注重对装饰风格的深入了解和指导。

④ 重视方案设计阶段的指导,要求学生在规定时间拿出一个或几个方案,在指导教师的建议下进行修改,避免在方案阶段出现原则性的错误。

⑤ 重视出图部分的指导,要求学生按照制图规范完成设计图纸,图纸内容完整,标注正确。

⑥ 指导教师要对施工组织设计和预算编制进行详细介绍,指导学生按给出的模板完成。

⑦ 设计内容完成后指导教师要指导学生进行成果汇总,对设计图纸进行整理、对照、修改。

3. 毕业设计指导的几个注意事项

(1) 随时关注学生的动态

学生完成毕业设计往往会出现两极分化的现象:学习主动的学生往往积极调研、搜集资料,构思多个设计方案,并主动与指导教师沟通;学习不太主动的学生往往无从下手、"等米下锅",甚至等着模仿抄袭,不愿主动与指导教师沟通,整个毕业设计都处于被动状态。指导教师在辅导时应注意重点抓好与差两头,带动好中间。

(2) 掌控学生设计的进度

指导教师在布置任务之初应明确毕业设计各阶段完成的时间节点,不仅各阶段结束时要检查完成情况,更重要的是完成设计过程中的进度监控,采用集中或个别辅导,及时解决出现的问题,避免学生设计中出现原则性错误。

（3）培养形成相互探讨的学术气氛

指导教师在学生毕业设计的各个阶段要有意营造相互探讨的学术气氛,无论是调研搜集资料,还是方案、施工图设计,都要引导学生相互探讨,说出体会。这样可以引起学生之间的共鸣,发现自己的不足。指导教师要善于发现学生毕业设计的优点,组织交流,提高学生的思维能力。

3.1.3　毕业设计答辩

① 每位学生需做好答辩前应完成的相应准备,带齐打印装订好的成果进行公开答辩,答辩完成后将毕业成果上交指导教师,电子文档刻盘存档。答辩内容主要包括:完成毕业设计的情况介绍,调研及搜集资料的过程和内容介绍,设计方案的主要内容介绍,设计方案、施工图设计过程中的问题解决方法介绍,完成毕业设计自己的体会和收获等。设计方案及设计施工图要符合数量、深度、范围等要求反映主要工作的内容。

② 采取公开答辩形式,按毕业设计分组进行,答辩开始学生根据毕业设计课题进行自述和介绍,时间不超过 5 min,完成介绍后由指导教师根据毕业设计提问,并指出设计方案及设计施工图中存在的问题,如需整改,学生应在答辩完成后按要求完成相应工作,并上交符合要求的成果。

③ 答辩时间、地点、顺序等各项事宜应提前通知。

3.1.4　毕业设计成绩评定

建筑装饰工程技术专业毕业设计、毕业答辩的考核评价,各学校可根据实际情况参考以下办法确定。

① 本课程进行单独考核,成绩考核采用百分制,由指导教师对毕业设计的评价(25%)、审阅教师对毕业设计的评价(25%)、毕业答辩(50%)三部分组成,汇总为毕业设计的总评成绩,作为毕业总评分。

② 指导教师对毕业设计的评价主要根据学生在毕业设计过程中的态度和认真程度,是否按时完成,与指导教师的交流与沟通,成果的工作量和完成深度进行综合评价。

③ 审阅教师对毕业设计的评价主要根据评审教师对该学生完成成果的数量和质量、独创性和创新程度、设计或研究的深度与广度、成果的格式规格是否符合要求等方面进行。

④ 毕业答辩成绩主要根据学生答辩成果的完备,答辩介绍和说明是否完整流畅,回答提问的表现及总体发挥进行综合评价。

⑤ 上述三部分成绩之一不合格,则本课程综合总评成绩不合格,成绩不合格者须按指导教师要求整改或重选课题重做,完成成果后重新答辩,成绩合格后方能毕业。

⑥ 有下列情况之一者,视为成绩不合格(60分以下):

a. 毕业设计中有原则性重大错误或基本没有完成任务,并经指出而未改正者;

b. 毕业设计实施过程中无故缺席,或批准请假但未能及时返校;

c. 在外调研、搜集资料过程中行为不端或组织或参与违法乱纪的活动或给调研单位造成直接经济损失或其他严重后果;

d. 不按规定时间上交要求完成的成果;

e. 抄袭他人成果,成果若有2人及2人以上雷同,则该批学生成绩取消;

f. 未参加毕业答辩者。

3.2 毕业设计工作的内容

3.2.1 确定选题

建筑装饰工程技术专业毕业设计可安排若干个设计课题,其中可包含家装室内设计课题和公装室内设计课题。学生可根据自身兴趣、发展方向、实习情况和就业可能,在指导教师的指导下选定设计课题。如所选课题不在指导教师提供课题的范围之内,则应与指导教师进行协商,在设计条件和要求充分的情况下,并经指导教师确认后方能进行。本书第4章提供了8个装饰工程的课题,学生可选择其中一个完成毕业设计。

3.2.2 课题调研

学生首先应根据所选设计课题进行相关调研,了解课题相关行业、专业及技术信息,如进行行业现状调查,走访企业,考察项目(已建、在建),调查装饰建材市场等,调查中要注意做好内容记录、数据搜集和整理,拍摄必要的照片或录像,然后根据搜集的资料进行整理和汇总,作为方案构思和设计方案的依据,并为后续设计提供充实的辅助资料。

3.2.3 搜集资料

学生应充分利用图书馆、书刊、参考文献、网络资源、专业书店、规范图集等资源搜集与课题相关的信息和资料,如课题涉及的相关行业的背景、现状和发展趋势,相关设计风格的概念、表现手法和元素,设计场所的功能、功能区划分、使用流程,课题项目的规模(人数、家具设备数量)、人体工学尺度和家具设备的相关尺度,课题目前存在的主要问题、解决方法和实际应用。特别是相关的工程案例,是设计课题的重要参考。同样,搜集和查阅的有用资料要做好记录和保存,为方案设计及后续毕业设计的参考和使用提供方便,特别注意相关图片、数据及图表的搜集,这些可作为成果汇报和毕业答辩的有力支撑。

3.2.4 方案设计

在充分进行调研和资料搜集的过程中,以及对相关资料整理和汇总后,应同时进行设计方案的构思,根据项目规模、客户定位、使用人数和人员层次、使用功能、功能区域划分、使用流程,以及整体风格定位和表现手法,完成课题的方案设计。

设计方案原则上应包括设计构想和风格体现说明,墙体改造图和平面布置图,根据情况绘制主要平、立面的设计方案。

3.2.5 施工图设计

设计范围:整个空间的墙体改造,地、墙、顶,水、电,厨卫,家具布置,软装,门窗等。主要空间包括卧室、客厅、卫生间、厨房等。

图纸内容:墙体改造图、平面布置图、地面铺装图、顶棚布置图、水电改造图、主要立面图、顶棚或立面设计的构造节点图、室内主要透视效果图、设计说明等。图纸数量、内容、深度要求见毕业设计各课题任务书。

3.2.6 施工组织设计

建筑装饰工程施工组织设计应根据所设计的装饰工程项目完成以下内容。

(1) 工程概况

工程概况主要介绍拟施工工程的建设单位、工程名称、性质、用途、作用、开竣工日期、设计单位、施工单位、施工图纸情况、施工合同、主管部门的有关文件或要求,以及组织施工的指导思想等;还应介绍工程的施工概况,包括建筑设计特点、结构设计特点、建设地点特征、施工条件等内容。

(2) 施工部署

施工部署主要介绍工程施工进度、质量、安全、环境和成本等目标情况,对工程施工的重点、难点进行分析,包括组织管理和施工技术两个方面;工程管理的组织机构形式应按规定执行,并确定项目经理部的工作岗位设置及其职责划分;简要说明主要分包工程施工单位的选择要求及管理方式。

(3) 施工进度计划

施工进度计划主要内容应包含:确定施工过程,划分施工段,计算工程量;计算劳动量;确定各施工过程的施工天数;编制施工进度计划的初始方案。

(4) 施工准备与资源配置计划

施工准备应包括技术准备和现场准备。其中,技术准备应包括施工所需技术资料的准备、施工方案编制计划、试验检验及设备调试工作计划、样板制作计划等;现场准备应根据现场施工条件和工程实际需要,准备现场生产、生活等临时设施。

资源配置计划应包括劳动力配置计划和物资配置计划。其中,劳动力配置计划应包括用工量与劳动力的配置安排;物资配置计划应包括主要工程材料和设备的配置计划,以及周转材料的配置计划。

(5) 主要施工方案设计

主要施工方案设计主要内容应包含:确定施工程序、施工起点流向,确定施工顺序、施工方法和施工机械的选择,并应写明检验标准及安全要求等相关内容。

（6）施工平面图

对拟建工程装修施工阶段的现场平面进行布置，主要设计内容应包括：确定仓库、材料、构件堆场以及加工厂的位置、现场运输道路的布置、临时设施的布置以及水电管网的布置。

3.2.7 装饰施工图预算

建筑装饰工程施工图预算应根据所设计的装饰工程项目完成以下内容。

（1）计算工程量

根据毕业设计完成的装饰工程施工图纸，按照有关工程量计算规则，列项目计算工程量，采用专用工程量计算书，统一格式。以江苏省为例，采用《江苏省建筑与装饰工程计价表》（下册，2004）。

（2）计算主要材料市场价格

通过市场询价，了解各种建筑装饰材料的市场价格，了解材料定额预算价的组成和含义，掌握材料市场价格的计算范围和计算方法。

（3）工程造价计价

根据建设工程定额、人工单价、材料预算价、机械台班单价，了解独立费的含义和使用条件，熟悉装饰工程费用项目划分的相关要求，熟悉各类取费项目的含义、费率标准，学习利用计价程序进行装饰工程造价。

4 毕业设计的课题与要求

4.1 毕业设计的课题

课题一:住宅户型 A——142 m² 室内设计。
课题二:住宅户型 B——145 m² 室内设计。
课题三:住宅户型 C——58 m² loft 室内设计。
课题四:住宅户型 D——170 m² 室内设计。
课题五:汽车 4S 店室内设计。
课题六:茶室、咖啡厅室内设计。
课题七:装饰设计工作室办公空间室内设计。
课题八:某服装专卖店室内设计。

课题一　住宅户型 A——142 m² 室内设计

一、项目概况

本住宅地处某市经济开发区核心商务区,是集行政、商务、研发、商业、生活等为一体的大型功能性项目。商务区占地面积约 19 万平方米,建筑面积约 44 万平方米,规划选址紧邻城市主干道。

本住宅位于商务区中小高层商住楼,框架结构体系,3 室 2 厅 2 卫 1 厨+4 阳台,建筑面积约 142 m²,房间净高为 2.8 m。每户设单独阳台,厨房、卫生间,外墙设塑钢双层门窗,并设钢筋混凝土外凸飘窗、窗楣,分户门设防盗门、防盗眼(猫眼)。户型图如图 4-1 所示。

二、项目定位

1. 客户定位

(1)业主为一对 80 后青年夫妇,男女双方均为企业职员,收入稳定,有双胞胎女儿,5 岁;

(2)业主追求温馨、简单的生活情调;

(3)阳台较多,需要充分利用,设置景观阳台,种植绿植和花卉;

(4)要求有特色的双人式儿童房,考虑儿童活动和学习娱乐区域。

2. 装饰风格主题定位

(1) 设计要符合主人的身份和兴趣爱好,体现个性化,界面造型、家具选用新颖,造价不限,有一定的文化品质和精神内涵;

(2) 充分考虑业主的情况,尤其是业主的喜好,结合自己对居住建筑室内设计的理解,创造温馨、舒适的人居环境;

(3) 设计要以人体工程学的要求为基础,满足人的行为和心理尺度。

三、设计要求

1. 设计目标

满足生活需要,实用、环保、舒适、简洁、大方。

2. 设计范围

设计范围包括整个空间的墙体改造,墙、地、顶,水、电,厨卫,家具布置,软装,门窗等。设计重点针对卧室、客厅、卫生间、厨房等空间。

3. 各主要功能区要求(作为参考,根据实际户型进行合理安排)

(1) 入门玄关:主要包括鞋柜功能,有能坐下换鞋的位置,进门左手处设计穿衣镜和挂衣物位置等。

(2) 客厅:采用壁挂式电视,背景墙设计风格要鲜明。

(3) 餐厅:背景墙应与客厅协调,地面可考虑采用地砖。

(4) 厨房:整体橱柜,根据橱柜风格考虑,设计插座时充分考虑厨房电器数量和种类。

(5) 主卧室:成套卧室家具,床采用 1.8 m 宽的软床,地面可考虑采用地板,注意营造环境。

(6) 书房:创造舒适、安静的学习氛围,主要包括书桌、书柜。

(7) 主、次卫生间:根据空间需要,可考虑选择干湿分离,采用淋浴,也可采用浴缸。

四、设计成果

1. 图纸要求

(1) 图纸规格:420 mm×297 mm(A3),装订成册;

(2) 每张图纸须有统一格式的图名和图标;

(3) 每张图纸均要求有详细的尺寸、材料、标注;

(4) 自定义一张封面(包括课题名称、指导教师、设计人员、学校专业、班级学号、完成时间等信息)。

2. 图纸内容

(1) 墙体改造图:注明原墙体、拆除墙体以及需改造墙体的尺寸及材料。

(2) 平面布置图:注明各功能区名称、尺寸,布置家具、陈设及设备。

(3) 地面铺装图:室内地面铺装材料、图案的规格、尺寸及构造做法等,地面各部分的标高。

(4) 顶棚布置图:注明各顶棚标高、尺寸及材料,灯具及设备。

(5) 水电改造图:水、电管线图,注明各设备的材料、尺寸。

(6) 主要立面图:不少于 4 张,要体现特色、装饰艺术,注明尺寸及材料,必要时绘制节点剖面图。

(7) 顶棚或立面设计的构造节点图:不少于 4 张,注明索引位置、尺寸及材料。

(8) 室内主要透视效果图:不少于 2 张,表达方式不限,可采用 3D 或手绘色彩渲染图,表现主要设计风格。

(9) 设计说明:不少于 300 字,说明设计构思,分析材料的选择。

五、参考书目

(1)《室内设计资料集》,张绮曼、郑曙旸主编,中国建筑工业出版社。

(2)《室内外设计资料集》,薛健主编,中国建筑工业出版社。

(3)《室内设计原理(上册)》《室内设计原理(下册)》,来增祥、陆震纬编著,中国建筑工业出版社。

(4)《住宅Ⅰ》,谷口汎邦主编,王军翻译,中国建筑工业出版社。

(5)《住宅Ⅱ》,谷口汎邦主编,王军翻译,中国建筑工业出版社。

(6)《建筑设计防火规范》(GB 50016—2014)。

(7)《建筑内部装修设计防火规范》(GB 50222—1995)。

(8)《室内装饰工程手册》,王海平编,中国建筑工业出版社。

(9)《建筑装饰实用手册(2)》《建筑装饰实用手册(3)》,中国建筑装饰协会编,中国建筑工业出版社。

(10)《建筑装饰装修工程质量验收规范》(GB 50210—2001)。

六、相关设计网站

(1) 中国建筑与室内设计师网(http://www.china-designer.com/index.htm)。

(2) 中国装饰网(http://www.zswcn.com/)。

(3) 中国室内设计网(http://www.ciid.com.cn/)。

(4) ABBS 建筑论坛(http://www.abbs.com.cn/)。

(5) 室内设计与装修(http://www.idc.net.cn/)。

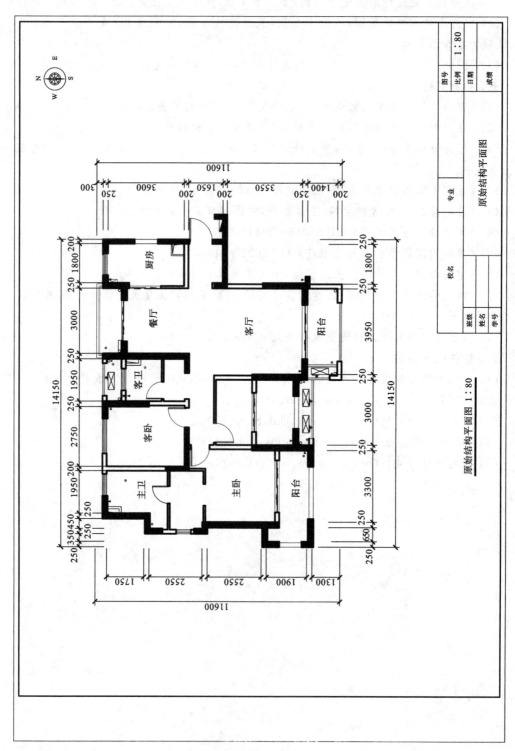

图 4-1 住宅户型A——142 m²室内设计原始结构平面图

课题二　住宅户型 B——145 m² 室内设计

一、项目概况

本住宅位于某市东区主干道交汇处住宅小区,项目占地面积为 115068.72 m²,总建筑面积约 30 万平方米,容积率为 2.15,绿化率为 36%,是集住宅、会所、室内游泳池、幼儿园、沿街商业于一体的高档住宅小区。小区整体体现独特的欧式风情,全方位的智能化系统配备使小区的安保系统更加安全。项目周边对接城市高速通道,交通便捷。

本住宅位于 25 层的小高层商住楼,框架结构体系,3 室 2 厅 2 卫 1 厨,建筑面积约 145 m²,房间净高为 2.8 m。每户设单独阳台,厨房、卫生间,外墙设塑钢双层门窗,并设钢筋混凝土外凸窗台、窗楣,分户门设防盗门、防盗眼(猫眼)。户型图如图 4-2 所示。

二、项目定位

1. 客户定位

(1) 业主为一对中年夫妇,男主人为公司职员,女主人为老师,结婚多年,经济收入稳定,家庭结构简单;

(2) 女儿目前在外地求学,不经常在家。

2. 装饰风格主题定位

(1) 现代简约十宜家,设计要符合主人的身份和兴趣爱好,体现个性化,界面造型、家具选用新颖,造价不限,有一定的文化品质和精神内涵;

(2) 充分考虑业主的情况,尤其考虑业主目前的家庭情况和基本结构,结合自己对居住建筑室内设计的理解,创造温馨、舒适的人居环境;

(3) 设计要以人体工程学的要求为基础,满足人的行为和心理尺度。

三、设计要求

1. 设计目标

满足生活需要,实用、环保、舒适、简洁、大方。

2. 设计范围

设计范围包括整个空间的墙体改造,墙、地、顶,水、电,厨卫,家具布置,软装,门窗等。设计重点针对卧室、客厅、卫生间、厨房等空间。

3. 各主要功能区要求(作为参考,根据实际户型进行合理安排)

(1) 入门玄关:主要包括鞋柜功能,有能坐下换鞋的位置,进门左手处设计穿衣镜和挂衣物位置等。

(2) 客厅:采用壁挂式电视,背景墙设计风格要鲜明。

(3) 餐厅:背景墙应与客厅协调,地面可考虑采用地砖。

(4) 厨房:整体橱柜,根据橱柜风格考虑,设计插座时充分考虑厨房电器数量和种类。

(5) 主卧室:成套卧室家具,床采用 1.8 m 宽的软床,地面可考虑采用地板,注意营造环境。

(6) 书房:创造舒适、安静的学习氛围,主要包括书桌、书柜。

(7) 主、次卫生间:根据空间需要,可考虑选择干湿分离,采用淋浴,亦可采用浴缸。

四、设计成果

1. 图纸要求

(1) 图纸规格:420 mm×297 mm(A3),装订成册;

(2) 每张图纸须有统一格式的图名和图标;

(3) 每张图纸均要求有详细的尺寸、材料、标注;

(4) 自定义一张封面(包括课题名称、指导教师、设计人员、学校专业、班级学号、完成时间等信息)。

2. 图纸内容

(1) 墙体改造图:注明原墙体、拆除墙体以及需改造墙体的尺寸及材料。

(2) 平面布置图:注明各功能区名称、尺寸,布置家具、陈设及设备。

(3) 地面铺装图:室内地面铺装材料、图案的规格、尺寸及构造做法等,地面各部分的标高。

(4) 顶棚布置图:注明各顶棚标高、尺寸及材料,灯具及设备。

(5) 水电改造图:水、电管线图,注明各设备的材料、尺寸。

(6) 主要立面图:不少于4张,要体现特色、装饰艺术,注明尺寸及材料,必要时绘制节点剖面图。

(7) 顶棚或立面设计的构造节点图:不少于4张,注明索引位置、尺寸及材料。

(8) 室内主要透视效果图:不少于2张,表达方式不限,可采用3D或手绘色彩渲染图,表现主要设计风格。

(9) 设计说明:不少于300字,说明设计构思,分析材料的选择。

五、参考书目

(1)《室内设计资料集》,张绮曼、郑曙旸主编,中国建筑工业出版社。

(2)《室内外设计资料集》,薛健主编,中国建筑工业出版社。

(3)《室内设计原理(上册)》《室内设计原理(下册)》,来增祥、陆震纬编著,中国建筑工业出版社。

(4)《住宅Ⅰ》,谷口汎邦主编,王军翻译,中国建筑工业出版社。

(5)《住宅Ⅱ》,谷口汎邦主编,王军翻译,中国建筑工业出版社。

(6)《建筑设计防火规范》(GB 50016—2014)。

(7)《建筑内部装修设计防火规范》(GB 50222—1995)。

(8)《室内装饰工程手册》,王海平编,中国建筑工业出版社。

(9)《建筑装饰实用手册(2)》《建筑装饰实用手册(3)》,中国建筑装饰协会编,中国建筑工业出版社。

(10)《建筑装饰装修工程质量验收规范》(GB 50210—2001)。

六、相关设计网站

(1) 中国建筑与室内设计师网(http://www.china-designer.com/index.htm)。

(2) 中国装饰网(http://www.zswcn.com/)。

(3) 中国室内设计网(http://www.ciid.com.cn/)。

(4) ABBS建筑论坛(http://www.abbs.com.cn/)。

(5) 室内设计与装修(http://www.idc.net.cn/)。

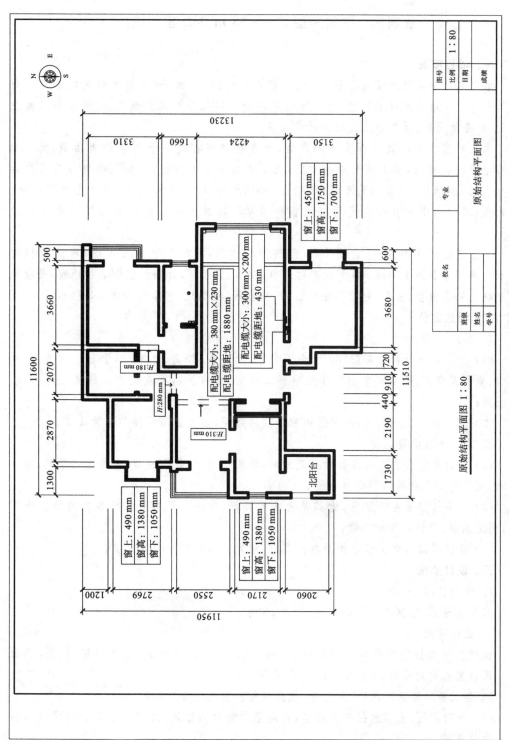

原始结构平面图 1：80

图 4-2 住宅户型B——145 m²室内设计原始结构平面图

课题三　住宅户型 C——58 m² loft 室内设计

一、项目概况

本住宅位于某市新城核心区,是该市重点打造的"以休闲、游憩为特色的都市新商圈",紧邻火车站和城市主干道,核心区域总体功能定位是区域交通枢纽、该市第二商业中心、商务集聚区、生态居住区和新兴产业区。

本项目所在小区致力开发 loft 户型,力争在该市打造一个全新的生活概念。loft户型主要特征包括:高大而开敞的空间,上下双层的复式结构,类似戏剧舞台效果的楼梯和横梁;流动性,户型内无障碍;透明性,降低私密程度;开放性,户型间全方位组合;艺术性,通常由业主自行决定所有风格和格局。以最大的自由度发挥购房者想象的空间。

本住宅位于 1 号楼 A 户型 loft,框架结构体系,3 室 2 厅 2 卫 1 厨,建筑面积约58 m²,房间净高为 4.7 m。每户设单独阳台、厨房、卫生间,外墙设塑钢双层门窗,并设钢筋混凝土外凸窗台、窗楣,分户门设防盗门、防盗眼(猫眼)。户型图如图 4-3 所示。

二、项目定位

1. 客户定位

(1) 业主为一对新婚夫妇,80 后小资青年,无小孩,外向、开朗,乐于与人沟通,喜欢旅游、摄影及烹饪,希望有个小的独立摄影工作室(或暗房);喜欢花卉和绿植,忌讳烦琐的空间;

(2) 追求自由、自然、浪漫、简洁的家居生活环境,注重生活情趣和生活品质。

2. 装饰风格主题定位

(1) 设计要符合主人的身份和兴趣爱好,体现个性化,界面造型、家具选用新颖,造价不限,有一定的文化品质和精神内涵;

(2) 充分考虑业主的情况,尤其是业主的喜好,结合自己对居住建筑室内设计的理解,创造温馨、舒适的人居环境;

(3) 设计要以人体工程学的要求为基础,满足人的行为和心理尺度。

三、设计要求

1. 设计目标

满足生活需要,实用、环保、舒适、简洁、大方。

2. 设计范围

设计范围包括整个空间的墙体改造,墙、地、顶,水、电,厨卫,家具布置,软装,门窗等。设计重点针对卧室、客厅、卫生间、厨房等空间。

3. 各主要功能区要求(作为参考,根据实际户型进行合理安排)

(1) 入门玄关:主要包括鞋柜功能,有能坐下换鞋的位置,进门左手处设计穿衣镜和挂衣物位置等。

(2) 客厅:采用壁挂式电视,背景墙设计风格要鲜明。

(3) 餐厅:背景墙应与客厅协调,地面可考虑采用地砖。

（4）厨房：整体橱柜，根据橱柜风格考虑，设计插座时充分考虑厨房电器数量和种类。

（5）主卧室：成套卧室家具，床采用 1.8 m 宽的软床，地面可考虑采用地板，注意营造环境。

（6）书房：创造舒适、安静的学习氛围，主要包括书桌、书柜。

（7）主、次卫生间：根据空间需要，可考虑选择干湿分离，采用淋浴，亦可采用浴缸。

四、设计成果

1. 图纸要求

（1）图纸规格：420 mm×297 mm（A3），装订成册；

（2）每张图纸须有统一格式的图名和图标；

（3）每张图纸均要求有详细的尺寸、材料、标注；

（4）自定义一张封面（包括课题名称、指导教师、设计人员、学校专业、班级学号、完成时间等信息）。

2. 图纸内容

（1）墙体改造图：注明原墙体、拆除墙体以及需改造墙体的尺寸及材料。

（2）平面布置图：注明各功能区名称、尺寸，布置家具、陈设及设备。

（3）地面铺装图：室内地面铺装材料、图案的规格、尺寸及构造做法等，地面各部分的标高。

（4）顶棚布置图：注明各顶棚标高、尺寸及材料，灯具及设备。

（5）水电改造图：水、电管线图，注明各设备的材料、尺寸。

（6）主要立面图：不少于 4 张，要体现特色、装饰艺术，注明尺寸及材料，必要时绘制节点剖面图。

（7）顶棚或立面设计的构造节点图：不少于 4 张，注明索引位置、尺寸及材料。

（8）室内主要透视效果图：不少于 2 张，表达方式不限，可采用 3D 或手绘色彩渲染图，表现主要设计风格。

（9）设计说明：不少于 300 字，说明设计构思，分析材料的选择。

五、参考书目

（1）《室内设计资料集》，张绮曼、郑曙旸主编，中国建筑工业出版社。

（2）《室内外设计资料集》，薛健主编，中国建筑工业出版社。

（3）《室内设计原理（上册）》《室内设计原理（下册）》，来增祥、陆震纬编著，中国建筑工业出版社。

（4）《住宅Ⅰ》，谷口汎邦主编，王军翻译，中国建筑工业出版社。

（5）《住宅Ⅱ》，谷口汎邦主编，王军翻译，中国建筑工业出版社。

（6）《建筑设计防火规范》（GB 50016—2014）。

（7）《建筑内部装修设计防火规范》（GB 50222—1995）。

（8）《室内装饰工程手册》，王海平编，中国建筑工业出版社。

（9）《建筑装饰实用手册（2）》《建筑装饰实用手册（3）》，中国建筑装饰协会编，中国建筑工业出版社。

（10）《建筑装饰装修工程质量验收规范》（GB 50210—2001）。

六、相关设计网站

(1) 中国建筑与室内设计师网(http://www.china-designer.com/index.htm)。

(2) 中国装饰网(http://www.zswcn.com/)。

(3) 中国室内设计网(http://www.ciid.com.cn/)。

(4) ABBS 建筑论坛(http://www.abbs.com.cn/)。

(5) 室内设计与装修(http://www.idc.net.cn/)。

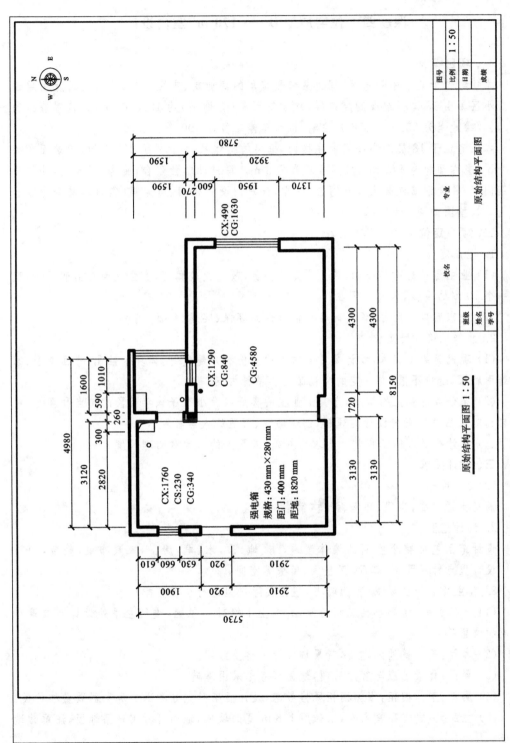

原始结构平面图 1∶50

图 4-3　住宅户型C——58 m² loft室内设计原始结构平面图

课题四　住宅户型 D——170 m² 室内设计

一、项目概况

本住宅位于某市中心地区,周边紧邻最繁华的商业街、市民广场、城市内河及主要道路。小区为由 13 幢楼组成的建筑群,总建筑面积(含地下)约 120000 m²,建筑覆盖率为 35.1%,绿地率为 33.9%,356 户住宅,机动车停车位近 400 个。

本住宅位于 18 层的小高层商住楼内,框架结构体系,4 室 2 厅 2 卫 1 厨,建筑面积为 170 m²,套内面积为 145 m²,房间净高为 2.8 m。每户设单独阳台,厨房、卫生间,外墙设塑钢门窗,并设钢筋混凝土外凸窗台、窗楣,分户门设防盗门、防盗眼(猫眼),其余为胶合板门。户型图如图 4-4 所示。

二、项目定位

1. 客户定位

(1) 业主为一对中年夫妇,男主人为公务员,收入比较稳定,女主人为自由职业者,现有一个 10 岁的男孩,和父母同住;

(2) 全家五口人同住,设计时希望能够做到环保、实用、舒适、简洁、大方。

2. 装饰风格主题定位

(1) 现代简约+宜家,设计要符合主人的身份和兴趣爱好,体现个性化,界面造型、家具选用新颖,造价不限,有一定的文化品质和精神内涵;

(2) 充分考虑业主的情况,尤其是业主的喜好以及小孩子该年龄段的特点和喜好,结合自己对居住建筑室内设计的理解,创造温馨、舒适的人居环境;

(3) 设计要以人体工程学的要求为基础,满足人的行为和心理尺度。

三、设计要求

1. 设计目标

满足生活需要,实用、环保、舒适、简洁、大方。

2. 设计范围

设计范围包括整个空间的墙体改造、墙、地、顶,水、电,厨卫,家具布置,软装,门窗等。设计重点针对卧室、客厅、卫生间、厨房等空间。

3. 各主要功能区要求(作为参考,根据实际户型进行合理安排)

(1) 入门玄关:主要包括鞋柜功能,有能坐下换鞋的位置,进门左手处设计穿衣镜和挂衣物位置等。

(2) 客厅:采用壁挂式电视,背景墙设计风格要鲜明。

(3) 餐厅:背景墙应与客厅协调,地面可考虑采用地砖。

(4) 厨房:整体橱柜,根据橱柜风格考虑,设计插座时充分考虑厨房电器数量和种类。

(5) 主卧室:成套卧室家具,床采用 1.8 m 宽的软床,地面可考虑采用地板,注意营造环境。

(6) 书房:创造舒适、安静的学习氛围,主要包括书桌、书柜。

(7) 主、次卫生间:根据空间需要,可考虑选择干湿分离,采用淋浴,亦可采用浴缸。

四、设计成果

1. 图纸要求

(1) 图纸规格：420 mm×297 mm(A3)，装订成册；

(2) 每张图纸须有统一格式的图名和图标；

(3) 每张图纸均要求有详细的尺寸、材料、标注；

(4) 自定义一张封面(包括课题名称、指导教师、设计人员、学校专业、班级学号、完成时间等信息)。

2. 图纸内容

(1) 墙体改造图：注明原墙体、拆除墙体以及需改造墙体的尺寸及材料。

(2) 平面布置图：注明各功能区名称、尺寸，布置家具、陈设及设备。

(3) 地面铺装图：室内地面铺装材料、图案的规格、尺寸及构造做法等，地面各部分的标高。

(4) 顶棚布置图：注明各顶棚标高、尺寸及材料，灯具及设备。

(5) 水电改造图：水、电管线图，注明各设备的材料、尺寸。

(6) 主要立面图：不少于4张，要体现特色、装饰艺术，注明尺寸及材料，必要时绘制节点剖面图。

(7) 顶棚或立面设计的构造节点图：不少于4张，注明索引位置、尺寸及材料。

(8) 室内主要透视效果图：不少于2张，表达方式不限，可采用3D或手绘色彩渲染图，表现主要设计风格。

(9) 设计说明：不少于300字，说明设计构思，分析材料的选择。

五、参考书目

(1)《室内设计资料集》，张绮曼、郑曙旸主编，中国建筑工业出版社。

(2)《室内外设计资料集》，薛健主编，中国建筑工业出版社。

(3)《室内设计原理(上册)》《室内设计原理(下册)》，来增祥、陆震纬编著，中国建筑工业出版社。

(4)《住宅Ⅰ》，谷口汎邦主编，王军翻译，中国建筑工业出版社。

(5)《住宅Ⅱ》，谷口汎邦主编，王军翻译，中国建筑工业出版社。

(6)《建筑设计防火规范》(GB 50016—2014)。

(7)《建筑内部装修设计防火规范》(GB 50222—1995)。

(8)《室内装饰工程手册》，王海平编，中国建筑工业出版社。

(9)《建筑装饰实用手册(2)》《建筑装饰实用手册(3)》，中国建筑装饰协会编，中国建筑工业出版社。

(10)《建筑装饰装修工程质量验收规范》(GB 50210—2001)。

六、相关设计网站

(1) 中国建筑与室内设计师网(http://www.china-designer.com/index.htm)。

(2) 中国装饰网(http://www.zswcn.com/)。

(3) 中国室内设计网(http://www.ciid.com.cn/)。

(4) ABBS建筑论坛(http://www.abbs.com.cn/)。

(5) 室内设计与装修(http://www.idc.net.cn/)。

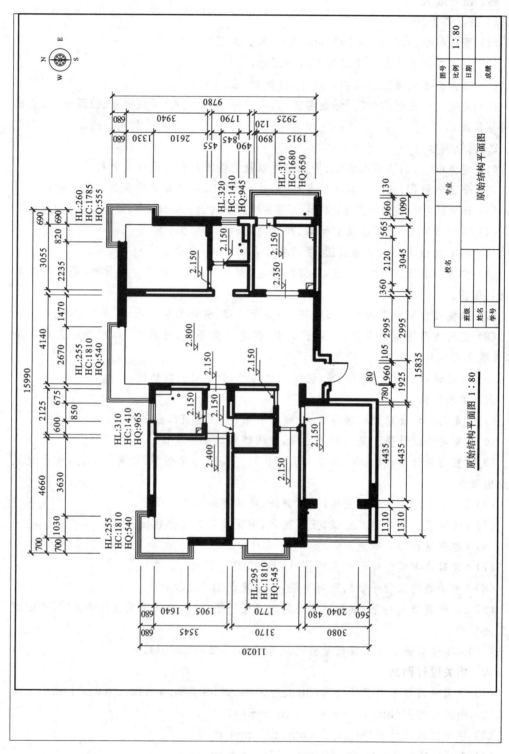

原始结构平面图 1 : 80

图4-4 住宅户型D——170 m²室内设计原始结构平面图

课题五　汽车 4S 店室内设计

一、项目概况

汽车 4S 店是集汽车销售、维修、配件和信息服务为一体的销售店。4S 店采用一种以"四位一体"为核心的汽车特许经营模式,包括整车销售(sale)、零配件供应(sparepart)、售后服务(service)、信息反馈(survey)等。它具有统一的外观形象、统一的标识、统一的管理标准、只经营单一品牌的特点。

汽车 4S 店的核心含义是"汽车终身服务解决方案"。

本项目位于某市西区主干道交汇处,展厅朝南。项目规模横向长度为 39.6 m,纵向宽度为 18 m,檐口高度为 8 m,屋面单坡,内部主要设有展厅、办公区、洽谈区域等。其平面图如图 4-5 所示。

二、设计要求

1. 设计导则

(1) 4S 店创造了一个人们可以在内部获得丰富体验的"微缩城市",是一处诸多元素的融合之地。它不是展馆,不是信息和交流中心,也不是博物馆,而是城市中融合了商业和文化的一个舞台。

(2) 卓越的企业文化,是保持企业基业常青的根本以及其时尚的文化理念。

(3) 室内环境中功能设计合理,基本设施齐备,能够满足 4S 店营业的要求。

(4) 体现可持续发展的设计概念,注意应用适宜的新材料和新技术。

2. 各功能区域要求(仅作为参考)

(1) 展示区域:完成新车展示与销售功能,是形象和理念体现的中心。设有展示车位,配件展示区、新车交车室等。

(2) 办公区域:销售办公室等区域。

(3) 洽谈区域:总接待台、洽谈散坐与洽谈室、用户休息区等。

(4) 休息区域:汽车保养等耗时比较长,需提供休息空间,提供上网、按摩等休闲空间。

(5) 卫生间:男、女各一间,各设 2 个厕位,可考虑设盥洗前室,设带面板洗手池 1~2 个。

三、设计成果

1. 图纸要求

(1) 图纸规格:420 mm×297 mm(A3),装订成册;

(2) 每张图纸须有统一格式的图名和图标;

(3) 每张图纸均要求有详细的尺寸、材料、标注;

(4) 自定义一张封面(包括课题名称、指导教师、设计人员、学校专业、班级学号、完成时间等信息)。

2. 图纸内容

(1) 平面图:家具、陈设布置,适当的植物绿化,地面铺装,图纸名称及比例,标高,尺寸标注,材料标注等。

（2）顶面图：顶平面的造型、灯具的布置、材料标注、尺寸标注、照明设计、建筑设备系统设计、图名及比例等。

（3）基本功能空间的立面图：每空间至少2个立面图，须表示空间界面装修、设施和相应的陈设设计等；其他功能空间（自拟）的立面图数量自定；墙面造型的处理，材料的表现，标注材料、标高和尺寸，图纸名称及比例。

（4）入口立面图：表现专卖店形象，应注明材料及尺寸。

（5）详图、节点图：表达平、顶、立面中未表达清楚的构造，内容准确、详尽，比例自定，标注材料和尺寸。

（6）室内主要透视效果图：不少于2张，在基本功能空间中至少选择2个空间（其中大厅散座和包间空间为必选），表达方式不限，可采用3D或手绘色彩渲染图，表现主要设计风格。

（7）店面设计图：与店内设计风格相符，主要以效果图表现。

（8）设计说明：不少于500字，说明设计构思、材料分析和选择。

四、参考书目

1. 规范

（1）《工程建设标准强制性条文：房屋建筑部分（2013年版）》；

（2）《房屋建筑制图统一标准》（GB/T 50001—2010）；

（3）《建筑装饰装修工程质量验收规范》（GB 50210—2001）；

（4）《建筑内部装修设计防火规范》（GB 50222—1995）；

（5）《建筑内部装修防火施工及验收规范》（GB 50354—2005）；

（6）《建筑设计防火规范》（GB 50016—2014）。

2. 专业书籍

（1）《建筑设计资料集》（第三版）中的第1、2、4、5分册，《建筑设计资料集》编委会编，中国建筑工业出版社。

（2）《室内设计资料集》，张绮曼、郑曙旸主编，中国建筑工业出版社。

（3）《室内设计资料集2》，张绮曼、潘吾华主编，中国建筑工业出版社。

（4）《室内设计资料图集》（第二版），康海飞主编，中国建筑工业出版社。

（5）《世界建筑》《建筑学报》《建筑师》《室内设计与装修》《室内设计》等建筑杂志中有关4S店设计的文章和实例。

3. 标准图集

（1）《外装修（一）》（06J505-1）。

（2）《内装修 室内吊顶》（12J502-2）。

（3）《内装修 墙面装修》（13J502-1）。

（4）《内装修 楼（地）面装修》（13J502-3）。

（5）《环境景观 室外工程细部构造》（15J012-1）、《环境景观 滨水工程》（10J012-4）、《环境景观 亭廊架之一》（04J012-3）、《环境景观 绿化种植设计》（03J012-2）。

五、专业网站

（1）ABBS建筑论坛（http://www.abbs.com.cn/）。

(2) 室内人(http://www.snren.com /)。

(3) 瑞丽家居网(http://magazine.rayli.com.cn/)。

(4) 中国建筑装饰网(http://www.ccd.com.cn/)。

(5) 中国室内设计网(http://www.ciid.com.cn/)。

(6) 中国室内装饰协会(http://www.cida.org.cn/)。

(7) 中国建筑与室内设计师网(http://www.china-designer.com/index.htm)。

(8) 中国室内设计在线(http://www.9s7.com/)。

(9) 室内设计与装修(http://www.idc.net.cn/)。

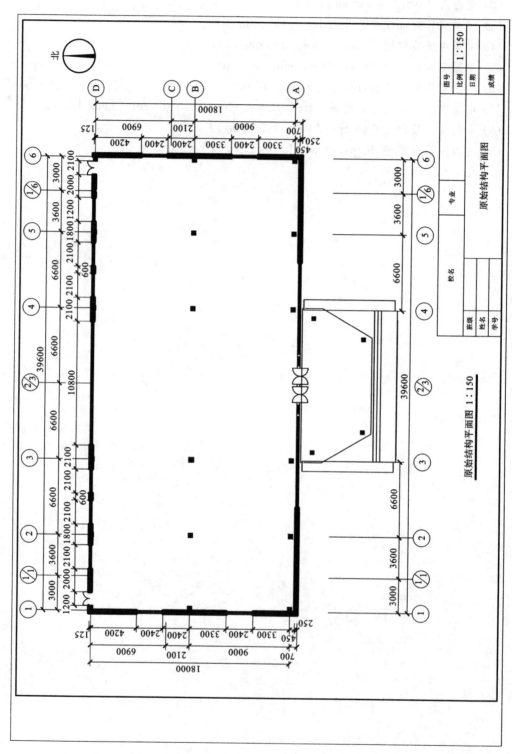

图 4-5 某汽车4S店室内设计原始结构平面图

课题六　茶室、咖啡厅室内设计

一、项目概况

该店铺位于较繁华商业街写字楼底层商铺,建筑为框架结构,面积约 150 m²,层高为 5.6 m,可考虑两层设计方案,重点对室内空间和店面进行设计。其平面图如图 4-6 所示。

二、设计要求

1. 设计导则

(1) 市场调研主体茶室、咖啡厅室内的各功能用房具体功能,了解人们消费行为的心理特征,从而为茶室、咖啡厅室内设计提供依据。

(2) 人的消费行为的心理特征与功能分析和交通流线设计的相互关系。

(3) 考虑文化品质如何渗入茶室、咖啡厅室内设计中。

2. 各功能区域要求(作为参考,根据实际空间进行合理安排)

(1) 客用部分。

① 营业厅:可集中或分散布置,座位 20~30 个。营造富有咖啡文化的氛围,空间既有不同的分隔,又有相互的流通和联系,创造富有特色的氛围和情调。

② 付货柜台:各种饮料及小食品的陈列和供应,可兼收银。应衔接营业厅和制作间,与顾客和服务人员均有联系。

③ 门厅:引导顾客进入茶室,也可设计成门廊。

④ 卫生间:男、女各一间,各设 2 个厕位,可设盥洗前室,设带面板洗手池 1~2 个。

(2) 辅助部分。

① 备品制作间:包括烧开水、冲咖啡、茶具洗涤和消毒等功能,烧水与食品加工主要用电器;要求与付货柜台联系方便。

② 库房:存放各种咖啡原料、茶叶、点心、小食品等。

③ 更衣室:可根据需要设置。

④ 办公室:可根据需要设置。

三、设计成果

1. 图纸要求

(1) 图纸规格:420 mm×297 mm(A3),装订成册;

(2) 每张图纸须有统一格式的图名和图标;

(3) 每张图纸均要求有详细的尺寸、材料、标注;

(4) 自定义一张封面(包括课题名称、指导教师、设计人员、学校专业、班级学号、完成时间等信息)。

2. 图纸内容

(1) 平面图:家具布置,适当的植物绿化,地面铺装,图纸名称及比例、标高、尺寸标注、材料标注等。

(2) 顶面图:顶平面的造型、灯具的布置、材料标注、尺寸标注、照明设计、建筑设备系统概念设计、图名及比例等。

（3）基本功能空间的立面图：每空间至少2个立面图，须表示空间界面装修、设施和相应的陈设设计等；其他功能空间（自拟）的立面图数量自定；墙面造型的处理，材料的表现，标注材料、标高和尺寸，图纸名称及比例。

（4）入口立面图：表现咖啡厅形象，应注明材料及尺寸。

（5）详图、节点图：表达平、顶、立面未表达清楚的构造，内容准确、详尽，比例自定，标注材料和尺寸。

（6）室内重点空间透视效果图：不少于3张，表达方式不限，可采用3D或手绘色彩渲染图，表现主要设计风格。

（7）店面设计图：与店内设计风格相符，主要以效果图表现。

（8）设计说明：不少于500字，说明设计构思，分析材料的选择。

四、参考书目

1. 规范

（1）《工程建设标准强制性条文：房屋建筑部分（2013年版）》；

（2）《房屋建筑制图统一标准》（GB/T 50001—2010）；

（3）《建筑装饰装修工程质量验收规范》（GB 50210—2001）；

（4）《建筑内部装修设计防火规范》（GB 50222—1995）；

（5）《建筑内部装修防火施工及验收规范》（GB 50354—2005）；

（6）《建筑设计防火规范》（GB 50016—2014）；

（7）《饮食建筑设计规范》（JGJ 64—1989）。

2. 专业书籍

（1）《建筑设计资料集》（第三版）中的第1、2、4、5分册，《建筑设计资料集》编委会编，中国建筑工业出版社。

（2）《餐饮建筑设计》，邓雪娴等著，中国建筑工业出版社。

（3）《室内设计资料集》，张绮曼、郑曙旸主编，中国建筑工业出版社。

（4）《咖啡馆设计》，黄小石著，辽宁科学技术出版社。

（5）《最佳殿堂：茶馆》，深圳市金版文件发展有限公司主编，南海出版社。

（6）《世界建筑》《建筑学报》《建筑师》《室内设计与装修》《室内设计》等建筑杂志中有关咖啡厅（店）设计的文章和实例。

3. 标准图集

（1）《外装修（一）》（06J505-1）。

（2）《内装修　室内吊顶》（12J502-2）。

（3）《内装修　墙面装修》（13J502-1）。

（4）《内装修　楼（地）面装修》（13J502-3）。

（5）《环境景观　室外工程细部构造》（15J012-1）、《环境景观　滨水工程》（10J012-4）、《环境景观　亭廊架之一》（04J012-3）、《环境景观　绿化种植设计》（03J012-2）。

五、专业网站

（1）ABBS建筑论坛（http://www.abbs.com.cn/）。

（2）室内人（http://www.snren.com /）。

（3）瑞丽家居网（http://magazine. rayli. com. cn/）。

（4）中国建筑装饰网（http://www. ccd. com. cn/）。

（5）中国室内设计网（http://www. ciid. com. cn/）。

（6）中国室内装饰协会（http://www. cida. org. cn/）。

（7）中国建筑与室内设计师网（http://www. china-designer. com/index. htm）。

（8）中国室内设计在线（http://www. 9s7. com/）。

（9）室内设计与装修（http://www. idc. net. cn/）。

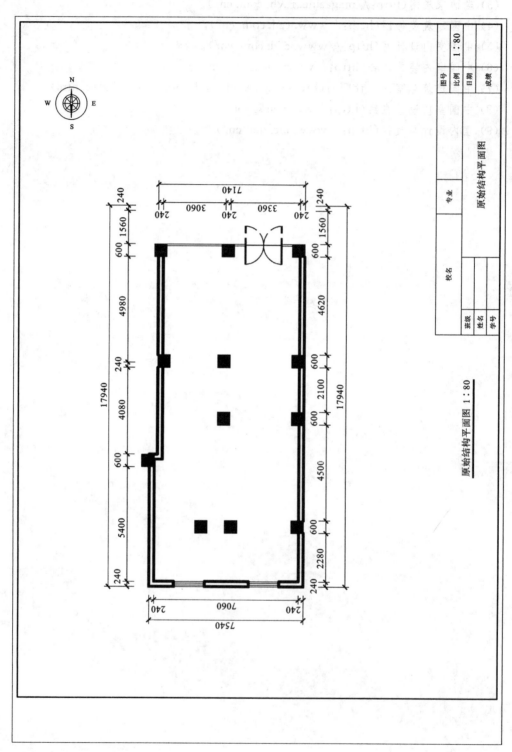

原始结构平面图 1∶80

图 4-6 茶室、咖啡厅室内设计原始结构平面图

课题七 装饰设计工作室办公空间室内设计

一、项目概况

本项目位于某市商业街临街店铺,南面和西面均为落地玻璃的框架结构建筑,总面积为 80 m² 左右,局部二层有小阁楼,净高为 5.4 m。

该空间是作为一个小型的装饰工作室使用,其平面图如图 4-7 所示。

二、设计要求

1. 设计导则

(1) 掌握办公空间设计的基本原理,在满足功能的基础上,力求方案有特色,风格不限,造价不限。

(2) 要求满足 5~8 人工作的需求,突出装饰设计工作室的特色。

(3) 针对装饰设计工作室需要,充分考虑各功能分区,组织合理的流线。

(4) 充分利用已有自然条件,结合人为效果,创造合理、舒适的工作环境。

(5) 设计要求满足办公建筑室内设计的各种规范。

2. 各功能区域要求(作为参考,根据实际空间进行合理安排)

主要功能区:入口、前台接待会客区、作品展示交流区、办公区、会议室兼讨论区、资料室、储藏间等。

另外可设休息区、饮水区等。

三、设计成果

1. 图纸要求

(1) 图纸规格:420 mm×297 mm(A3),装订成册;

(2) 每张图纸须有统一格式的图名和图标;

(3) 每张图纸均要求有详细的尺寸、材料、标注;

(4) 自定义一张封面(包括课题名称、指导教师、设计人员、学校专业、班级学号、完成时间等信息)。

2. 图纸内容

(1) 平面图:家具、陈设布置,适当的植物绿化,地面铺装,图纸名称及比例、标高、尺寸标注、材料标注等;注明各房间、各工作区和功能区名称;有高差变化时须注明标高;要有一般功能分析图和交通流线分析图。

(2) 顶面图:顶平面的造型、灯具的布置、材料标注、尺寸标注、照明设计、建筑设备系统概念设计、图名及比例等。

(3) 基本功能空间的立面图、入口立面图:每空间至少 2 个立面图,须表示空间界面装修、设施和相应的陈设设计等;其他功能空间(自拟)的立面图数量自定;墙面造型的处理,材料的表现,标注材料、标高和尺寸,图纸名称及比例。

(4) 详图、节点图:表达平、顶、立面未表达清楚的构造,内容准确、详尽,比例自定,标注材料和尺寸。

(5) 室内主要透视效果图:不少于 2 张,在基本功能空间中至少选择 2 个空间,表达方式不限,可采用 3D 或手绘色彩渲染图,表现主要设计风格或装饰特色。

(6)店面设计图:与装饰设计工作室风格相符,主要以效果图表现。

(7)设计说明:不少于 500 字,说明设计构思,分析材料的选择。

四、参考书目

1. 规范

(1)《工程建设标准强制性条文:房屋建筑部分(2013 年版)》;

(2)《房屋建筑制图统一标准》(GB/T 50001—2010);

(3)《建筑装饰装修工程质量验收规范》(GB 50210—2001);

(4)《建筑内部装修设计防火规范》(GB 50222—1995);

(5)《建筑内部装修防火施工及验收规范》(GB 50354—2005);

(6)《建筑设计防火规范》(GB 50016—2014);

(7)《饮食建筑设计规范》(JGJ 64—1989)。

2. 专业书籍

(1)《建筑设计资料集》(第三版)中的第 1、2、4、5 分册,《建筑设计资料集》编委会编,中国建筑工业出版社。

(2)《室内设计资料集》,张绮曼、郑曙旸主编,中国建筑工业出版社。

(3)《室内设计资料集 2》,张绮曼、潘吾华主编,中国建筑工业出版社。

(4)《室内设计资料图集》(第二版),康海飞主编,中国建筑工业出版社。

(5)《室内外设计资料集》,薛健主编,中国建筑工业出版社。

(6)《室内设计原理(上册)》《室内设计原理(下册)》,来增祥、陆震纬编著,中国建筑工业出版社。

(7)《商业形象与商业环境设计》,陈维信编著,江苏科技出版社。

(8)《室内空间设计手册》,小原二郎、加藤力、安藤正雄编,中国建筑工业出版社。

(9)《世界建筑》《建筑学报》《建筑师》《室内设计与装修》《室内设计》等建筑杂志中有关工作室设计的文章和实例。

3. 标准图集

(1)《外装修(一)》(06J505-1)。

(2)《内装修 室内吊顶》(12J502-2)。

(3)《内装修 墙面装修》(13J502-1)。

(4)《内装修 楼(地)面装修》(13J502-3)。

(5)《环境景观 室外工程细部构造》(15J012-1)、《环境景观 滨水工程》(10J012-4)、《环境景观 亭廊架之一》(04J012-3)、《环境景观 绿化种植设计》(03J012-2)。

五、专业网站

(1)ABBS 建筑论坛(http://www.abbs.com.cn/)。

(2)室内人(http://www.snren.com/)。

(3)瑞丽家居网(http://magazine.rayli.com.cn/)。

(4)中国建筑装饰网(http://www.ccd.com.cn/)。

(5)中国室内设计网(http://www.ciid.com.cn/)。

（6）中国室内装饰协会（http：//www.cida.org.cn/）。

（7）中国建筑与室内设计师网（http：//www.china-designer.com/index.htm）。

（8）中国室内设计在线（http：//www.9s7.com/）。

（9）室内设计与装修（http：//www.idc.net.cn/）。

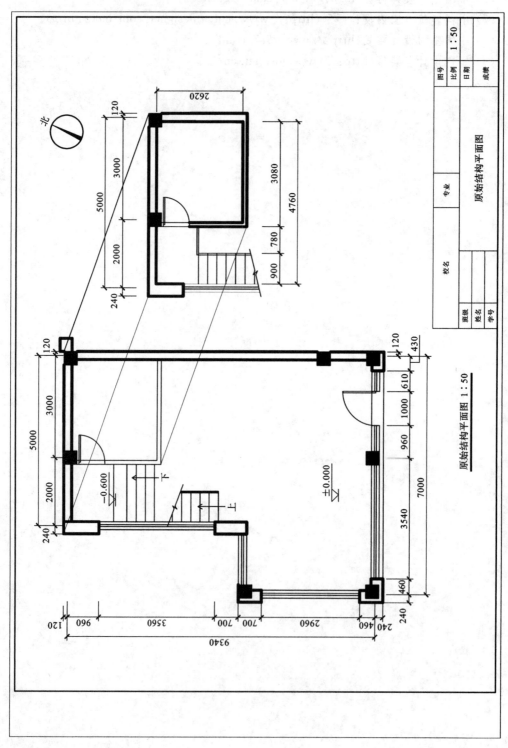

原始结构平面图 1：50

图 4-7 装饰设计工作室办公空间室内设计原始结构平面图

原始结构平面图

	比例	1：50
图号		
	日期	
	成绩	

校名		专业	
班级			
姓名			
学号			

课题八　某服装专卖店室内设计

一、项目概况

本项目位于某市商业街临街店铺,为门面朝南的框架结构建筑,其开间约为 7.1 m,进深为 10 m,面积为 170 m² 左右,房间净高为 3.9 m。其平面图如图 4-8 所示。

该门店主要经营服装,具体营业范围和经营性质自定。

二、设计要求

1. 设计导则

(1) 掌握专卖店室内设计的基本原理,在满足功能的基础上,力求方案有特色,风格不限,造价不限。

(2) 要求反映专卖店形象,突出专卖店经营特色。

(3) 针对专卖店需要,充分考虑各功能分区,组织合理的流线。

(4) 充分利用已有自然条件,结合人为效果,创造合理、舒适的专卖店环境。

(5) 设计要求满足公共建筑室内设计的各种规范。

2. 各功能区域要求(作为参考,根据实际空间进行合理安排)

主要功能区:入口、橱窗、营业厅(接待区、展示区、精品区、折价区、演示区、更衣间)、收银台、储藏间等。

另外可增设休息区、饮水区等。

三、设计成果

1. 图纸要求

(1) 图纸规格:420 mm×297 mm(A3),装订成册;

(2) 每张图纸须有统一格式的图名和图标;

(3) 每张图纸均要求有详细的尺寸、材料、标注;

(4) 自定义一张封面(包括课题名称、指导教师、设计人员、学校专业、班级学号、完成时间等信息)。

2. 图纸内容

(1) 平面图:家具、陈设布置,适当的植物绿化,地面铺装,图名及比例、标高、尺寸标注、材料标注等。

(2) 顶面图:顶平面的造型、灯具的布置、材料标注、尺寸标注、照明设计、建筑设备系统概念设计、图名及比例等。

(3) 基本功能空间的立面图、入口立面图:每空间至少 2 个立面图,须表示空间界面装修、设施和相应的陈设设计等;其他功能空间(自拟)的立面图数量自定;墙面造型的处理,材料的表现,标注材料、标高和尺寸,图纸名称及比例。

(4) 入口立面图:表现专卖店形象,应注明材料及尺寸。

(5) 详图、节点图:表达平、顶、立面未表达清楚的构造,内容准确、详尽,比例自定,标注材料和尺寸。

（6）室内主要透视效果图：不少于 2 张，在基本功能空间中至少选择 2 个空间，表达方式不限，可采用 3D 或手绘色彩渲染图，表现主要设计风格。

（7）店面设计图：与店内设计风格相符，主要以效果图表现。

（8）设计说明：不少于 500 字，说明设计构思，分析材料的选择。

四、参考书目

1. 规范

（1）《工程建设标准强制性条文：房屋建筑部分(2013 年版)》；

（2）《房屋建筑制图统一标准》(GB/T 50001—2010)；

（3）《建筑装饰装修工程质量验收规范》(GB 50210—2001)；

（4）《建筑内部装修设计防火规范》(GB 50222—1995)；

（5）《建筑内部装修防火施工及验收规范》(GB 50354—2005)；

（6）《建筑设计防火规范》(GB 50016—2014)。

2. 专业书籍

（1）《建筑设计资料集》(第三版)中的第 1、2、4、5 分册，《建筑设计资料集》编委会编，中国建筑工业出版社。

（2）《室内设计资料集》，张绮曼、郑曙旸主编，中国建筑工业出版社。

（3）《室内设计资料集 2》，张绮曼、潘吾华主编，中国建筑工业出版社。

（4）《室内设计资料图集》(第二版)，康海飞主编，中国建筑工业出版社。

（5）《室内外设计资料集》，薛健主编，中国建筑工业出版社。

（6）《室内设计原理(上册)》《室内设计原理(下册)》，来增祥、陆震纬编著，中国建筑工业出版社。

（7）《商业形象与商业环境设计》，陈维信编著，江苏科技出版社。

（8）《室内空间设计手册》，小原二郎、加藤力、安藤正雄编，中国建筑工业出版社。

（9）《世界建筑》《建筑学报》《建筑师》《室内设计与装修》《室内设计》等建筑杂志中有关专卖店设计的文章和实例。

3. 标准图集

（1）《外装修(一)》(06J505-1)。

（2）《内装修 室内吊顶》(12J502-2)。

（3）《内装修 墙面装修》(13J502-1)。

（4）《内装修 楼(地)面装修》(13J502-3)。

（5）《环境景观 室外工程细部构造》(15J012-1)、《环境景观 滨水工程》(10J012-4)、《环境景观 亭廊架之一》(04J012-3)、《环境景观 绿化种植设计》(03J012-2)。

五、专业网站

（1）ABBS 建筑论坛(http://www.abbs.com.cn/)。

（2）室内人(http://www.snren.com /)。

（3）瑞丽家居网(http://magazine.rayli.com.cn/)。

（4）中国建筑装饰网(http://www.ccd.com.cn/)。

（5）中国室内设计网（http://www.ciid.com.cn/）。

（6）中国室内装饰协会（http://www.cida.org.cn/）。

（7）中国建筑与室内设计师网（http://www.china-designer.com/index.htm）。

（8）中国室内设计在线（http://www.9s7.com/）。

（9）室内设计与装修（http://www.idc.net.cn/）。

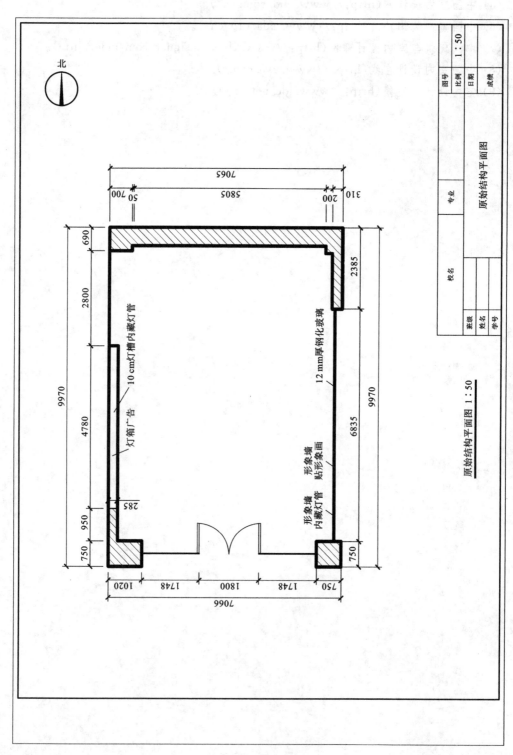

原始结构平面图 1：50

图 4-8 某服装专卖店室内设计原始结构平面图

4.2　课题要求与指导

1. 确定课题

可根据提供的 8 个课题选择,也可在指导教师的指导下选择合适的毕业设计课题。

2. 课题调研

根据所选设计课题进行相关调研,了解课题相关行业、专业及技术信息。

3. 搜集资料

利用图书馆、书刊、参考文献、网络资源、专业书店、规范图集等资源搜集与课题相关的信息和资料。

4. 方案设计

根据项目规模、客户定位、使用人数和人员层次、使用功能、功能区域划分、使用流程以及整体风格定位和表现手法,完成课题的方案设计。

5. 施工图设计

设计范围包括整个空间的墙体改造,地、墙、顶,水、电,厨卫,家具布置,软装,门窗等。图纸内容包括墙体改造图、平面布置图、地面铺装图、顶棚布置图、水电改造图、主要立面图、顶棚或立面设计的构造节点图、室内主要透视效果图、设计说明等。图纸数量、内容、深度要求见毕业设计各课题任务书。

6. 施工组织设计

建筑装饰工程施工组织设计应根据所设计的装饰工程项目完成以下内容:

① 工程概况;

② 施工部署;

③ 施工进度计划;

④ 施工准备与资源配置计划;

⑤ 主要施工方案设计;

⑥ 施工平面图。

7. 装饰施工图预算

建筑装饰工程施工图预算应根据所设计的装饰工程项目完成以下内容:

① 计算工程量;

② 计算主要材料市场价格;

③ 工程造价计价。

建筑装饰工程技术专业毕业设计各部分的具体内容和方法详见 3.2 节内容。

5 毕业设计实例参考

本章为建筑装饰工程技术专业的毕业设计实例,课题来源为真实项目,学生完成了课题项目的装饰室内设计、施工组织设计、装饰施工图预算等。限于篇幅,本实例展示了毕业设计室内设计部分的主要图纸,供学生毕业设计时参考和借鉴。

实例　loft 户型室内设计

一、项目概况

loft 户型的主要特征包括:高大而开敞的空间,上下双层的复式结构,类似戏剧舞台效果的楼梯和横梁;流动性,户型内无障碍;透明性,降低私密程度;开放性,户型间全方位组合;艺术性,通常由业主自行决定所有风格和格局。以最大限度的自由,发挥购房者想象的空间。

本项目位于某市新城核心区,是该市重点打造的"以休闲、游憩为特色的都市新商圈",本项目致力开发 loft 户型,力争打造全新的生活概念。本项目为多个 loft 户型中的一个,框架结构体系,3 室 2 厅 2 卫 1 厨,建筑面积约 93 m^2,房间净高为 4.7 m。

二、项目定位

(1)设计考虑家庭成员的数量、年龄结构、主人的身份和兴趣爱好,体现个性化,界面造型、家具选用新颖,对造价不做限制,要具有一定的文化品质和精神内涵;

(2)充分考虑业主的情况,尤其是业主的喜好,结合自己对居住建筑室内设计的理解,创造温馨、舒适的人居环境;

(3)设计要以人体工程学的要求为基础,满足人的行为和心理尺度。

三、设计图纸

设计完成的平面图、立面图等如图 5-1～图 5-27 所示。

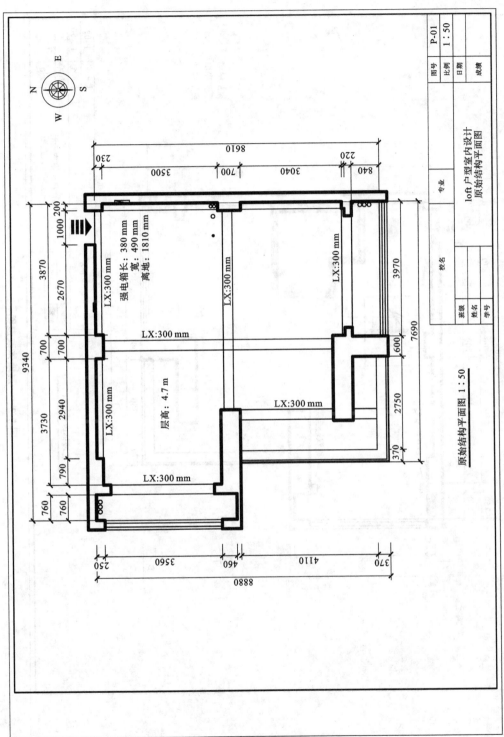

原始结构平面图 1:50

图 5-1 loft 户型室内设计原始结构平面图

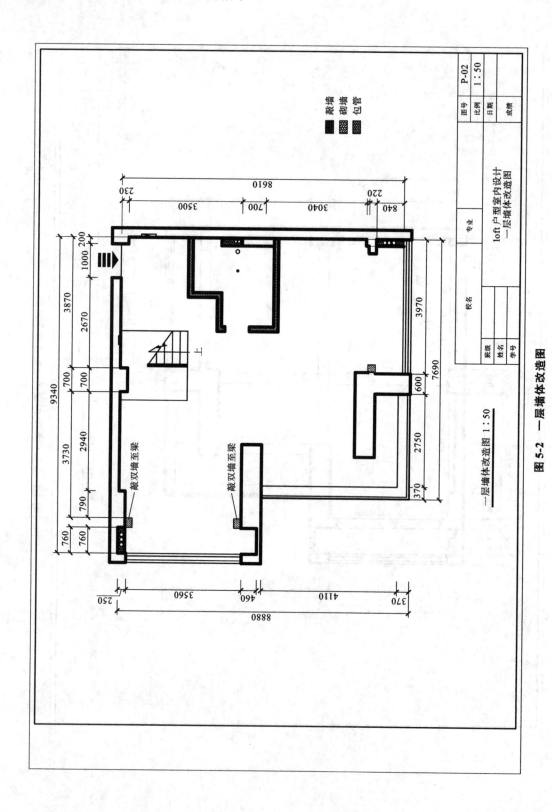

图 5-2 一层墙体改造图

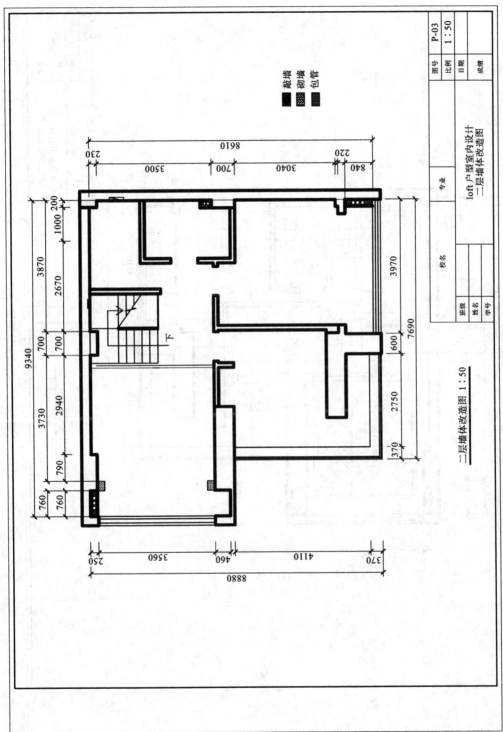

图 5-3　二层墙体改造图

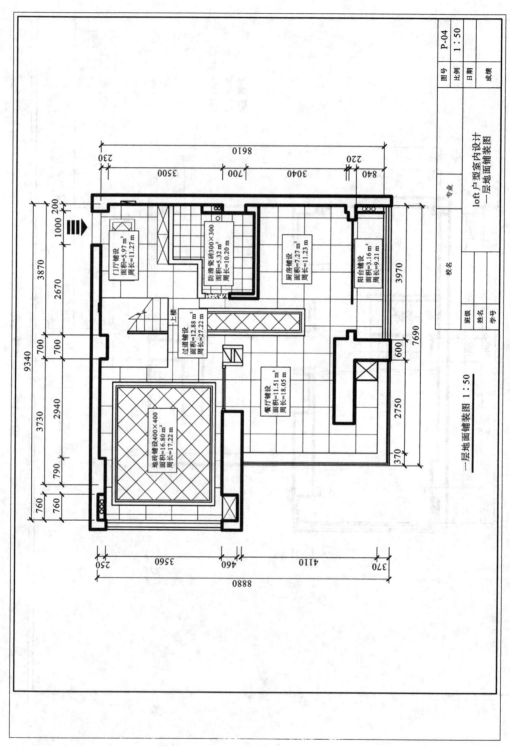

图 5-4 一层地面铺装图

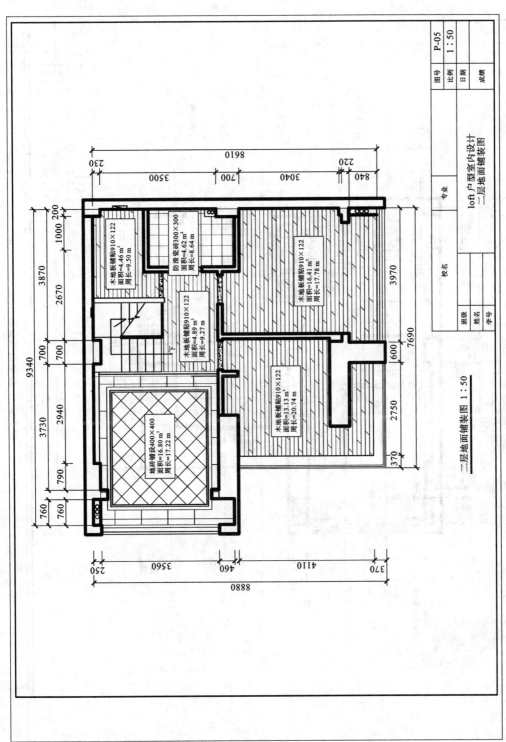

二层地面铺装图 1:50

图 5-5 二层地面铺装图

图号	P-05	
比例	1:50	
日期		
成绩		

loft 户型室内设计
二层地面铺装图

专业		
校名		
班级	姓名	学号

图中标注文字：

木地板铺贴910×122
面积=4.46 m²
周长=9.50 m

防滑瓷砖300×300
面积=4.62 m²
周长=8.64 m

木地板铺贴910×122
面积=4.89 m²
周长=9.27 m

木地板铺贴910×122
面积=16.41 m²
周长=17.78 m

木地板铺贴910×122
面积=13.13 m²
周长=20.74 m

地砖铺设400×400
面积=16.80 m²
周长=17.22 m

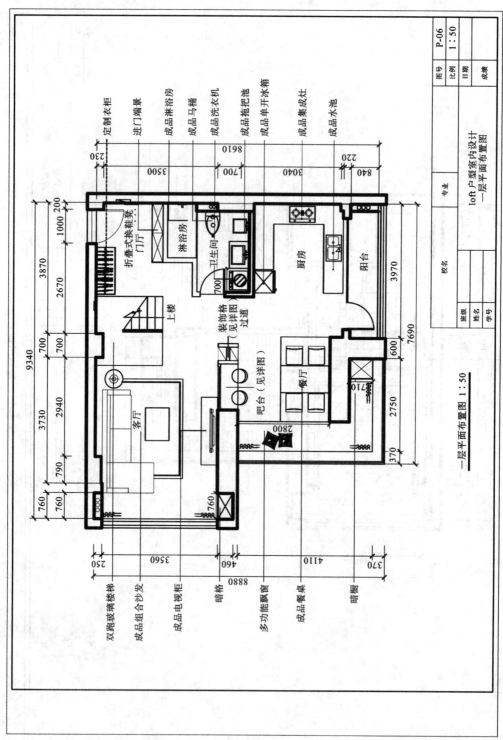

图 5-6 一层平面布置图

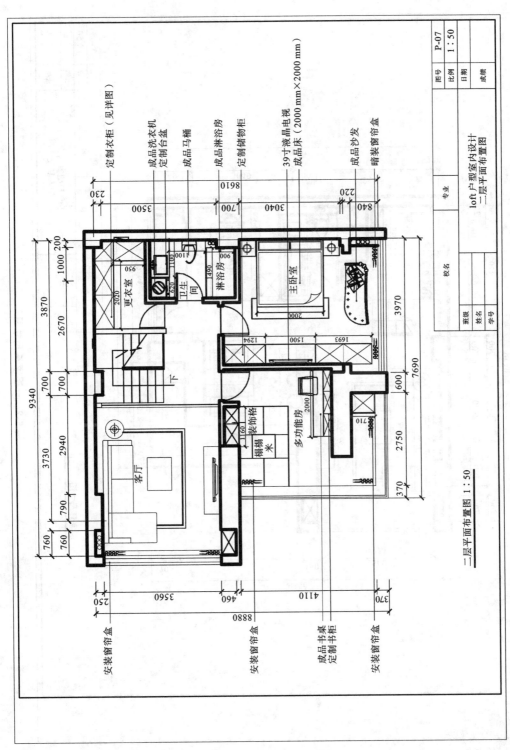

二层平面布置图 1:50

图 5-7　二层平面布置图

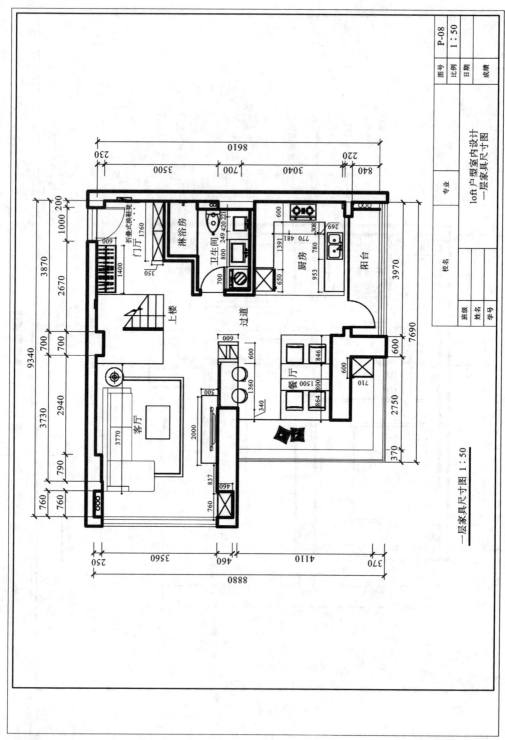

图 5-8 一层家具尺寸图

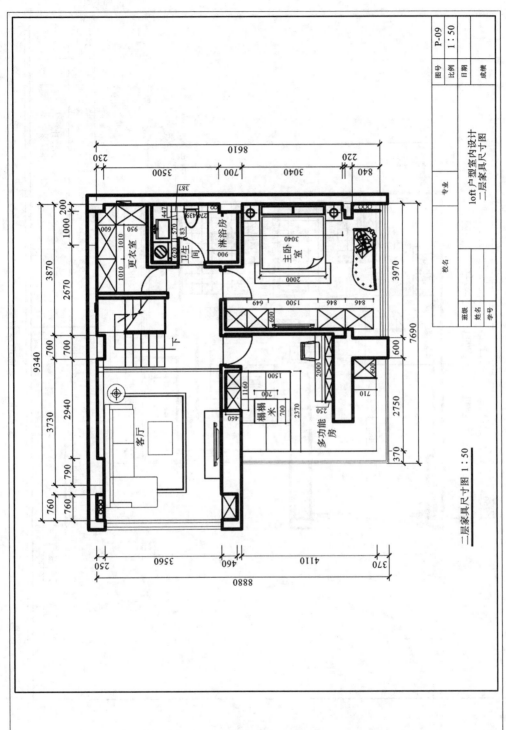

二层家具尺寸图 1:50

图 5-9 二层家具尺寸图

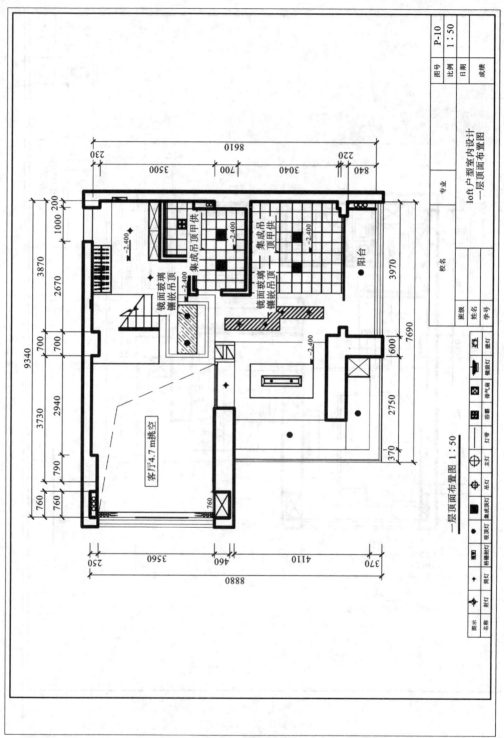

图 5-10 一层顶面布置图

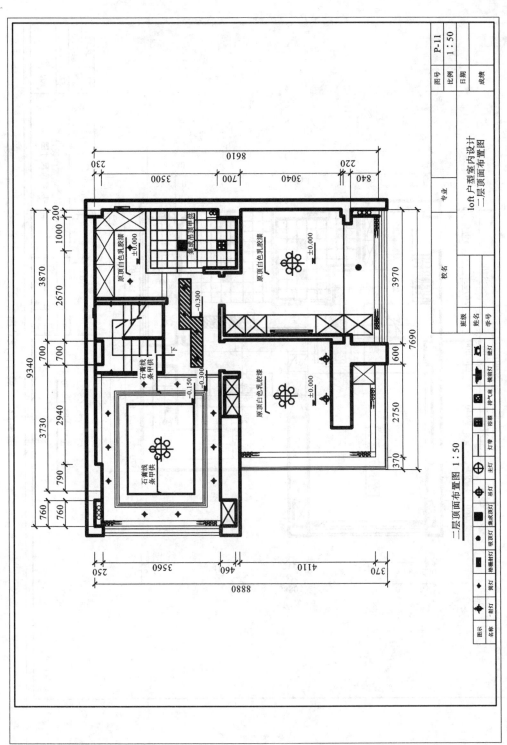

二层顶面布置图 1:50

图 5-11 二层顶面布置图

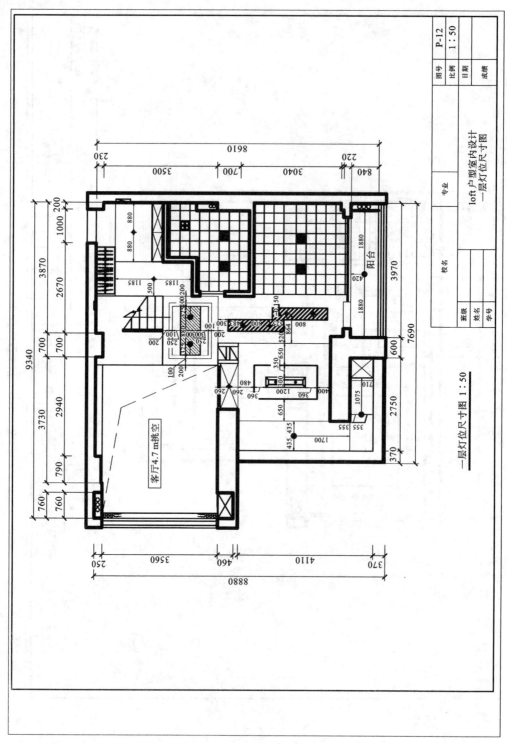

图 5-12 一层灯位尺寸图

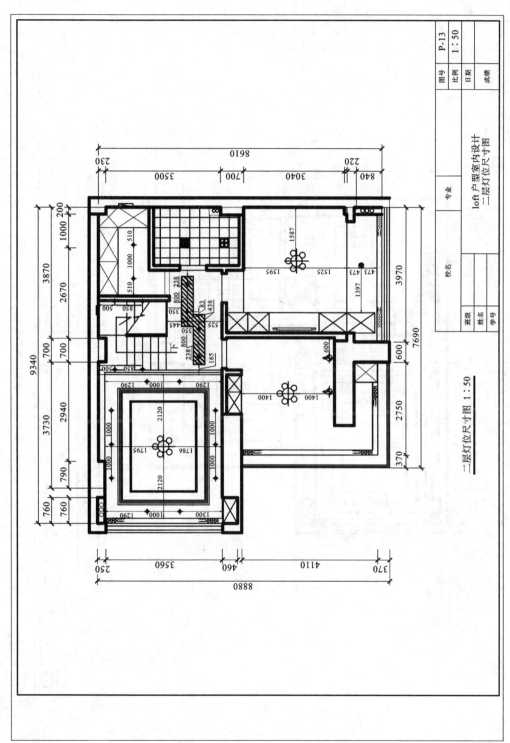

二层灯位尺寸图 1：50

图 5-13 二层灯位尺寸图

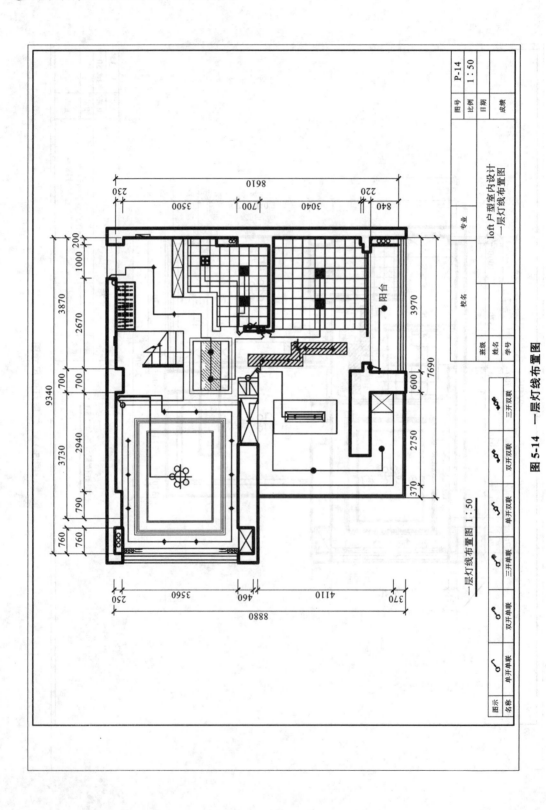

图 5-14 一层灯线布置图

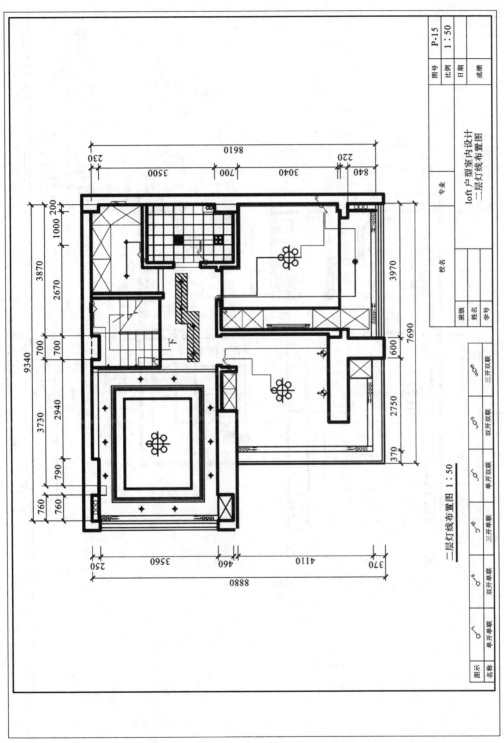

二层灯线布置图 1:50

图 5-15 二层灯线布置图

图示						
名称	单开单联	双开单联	三开单联	单开双联	双开双联	三开双联

loft 户型室内设计
二层灯线布置图

专业		校名		班级	
				姓名	
				学号	

图号	P-15
比例	1:50
日期	
成绩	

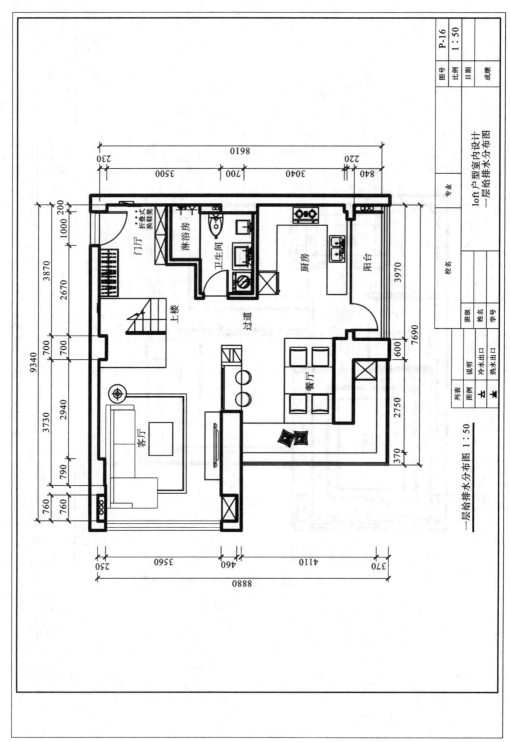

图 5-16 一层给排水分布图

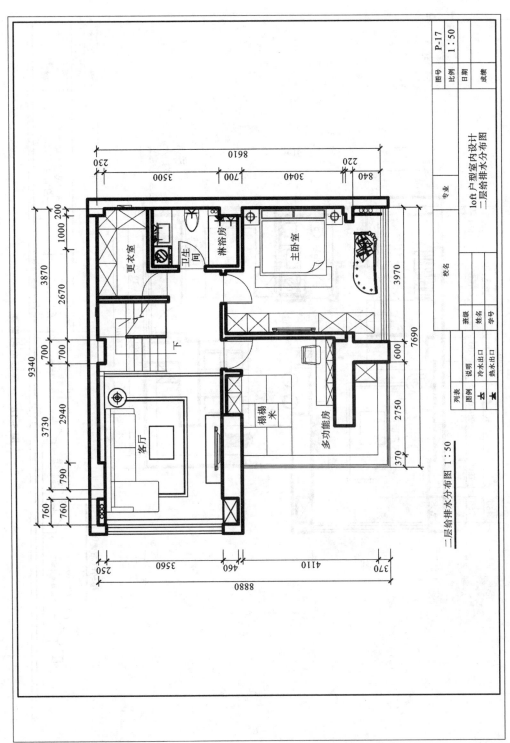

二层给排水分布图 1：50

图5-17 二层给排水分布图

图号	P-17
比例	1：50
日期	
成绩	

loft户型室内设计
二层给排水分布图

专业

校名

班级
姓名
学号

列表		
图例	说明	
	冷水出口	
	热水出口	

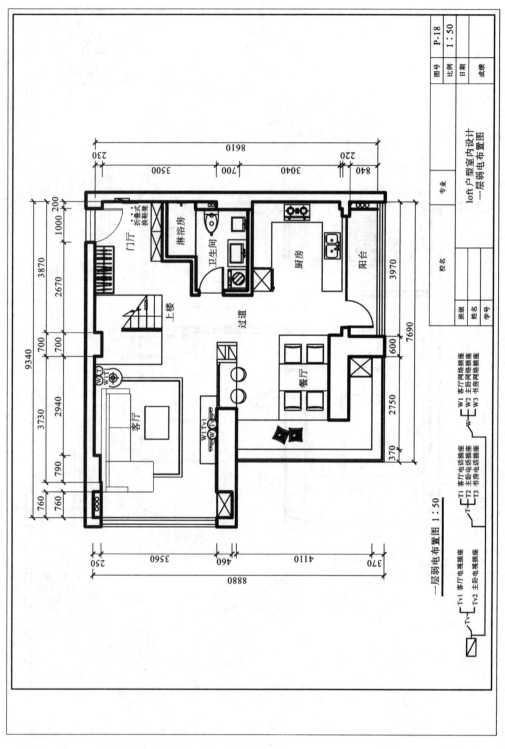

图 5-18 一层弱电布置图

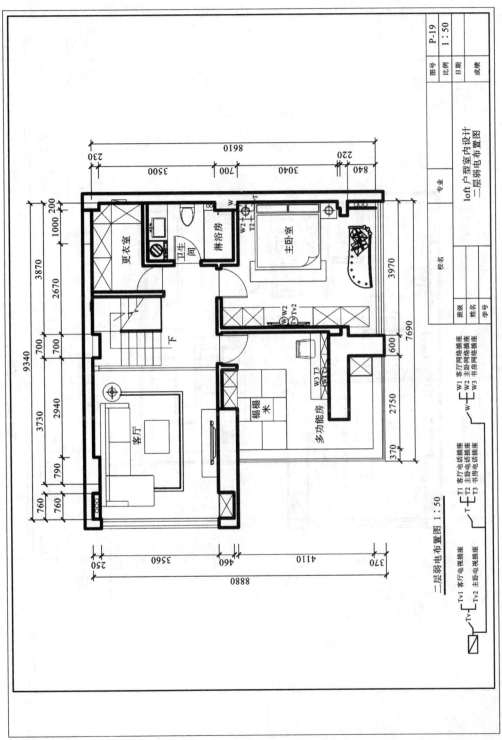

图 5-19　二层弱电布置图

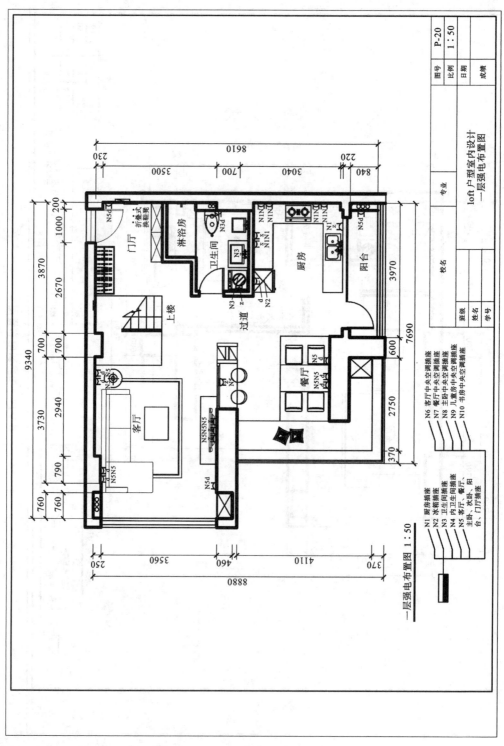

图5-20　一层强电布置图

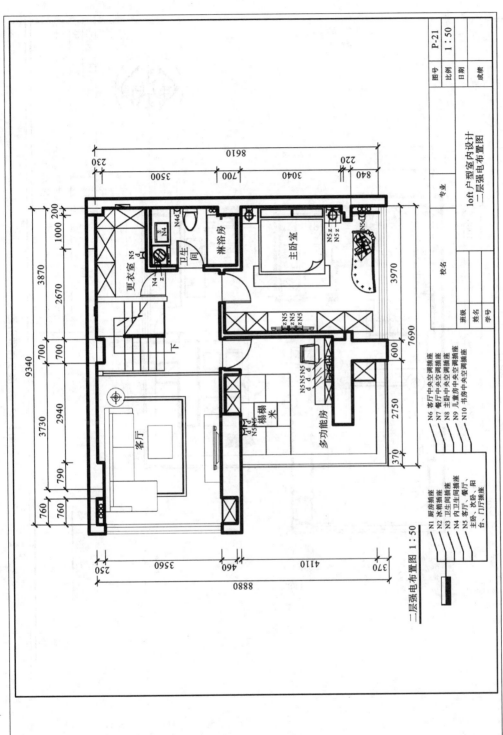

图 5-21　二层强电布置图

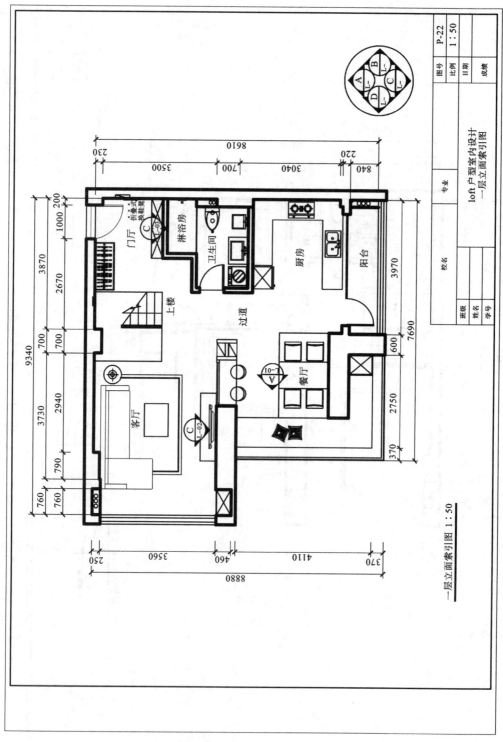

图 5-22 一层立面索引图

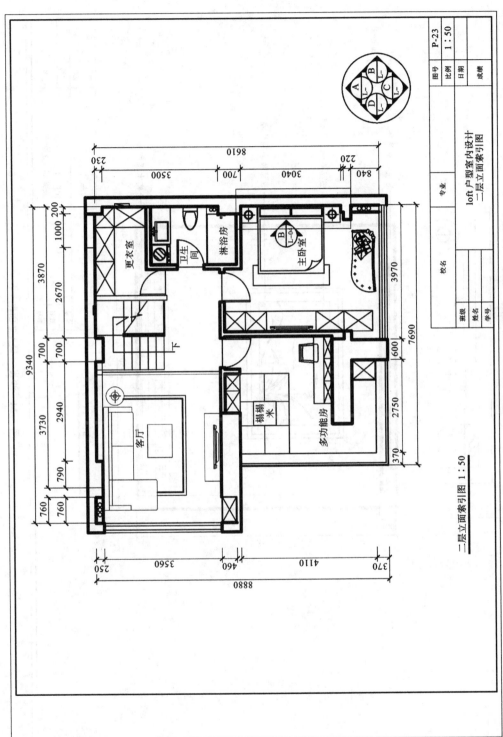

二层立面索引图 1:50

图 5-23 二层立面索引图

	loft 户型室内设计
专业	二层立面索引图
校名	
班级	图号 P-23
姓名	比例 1:50
学号	日期
	成绩

更衣室

卫生间

淋浴房

主卧室 B L-04

客厅

榻榻米

多功能房

下

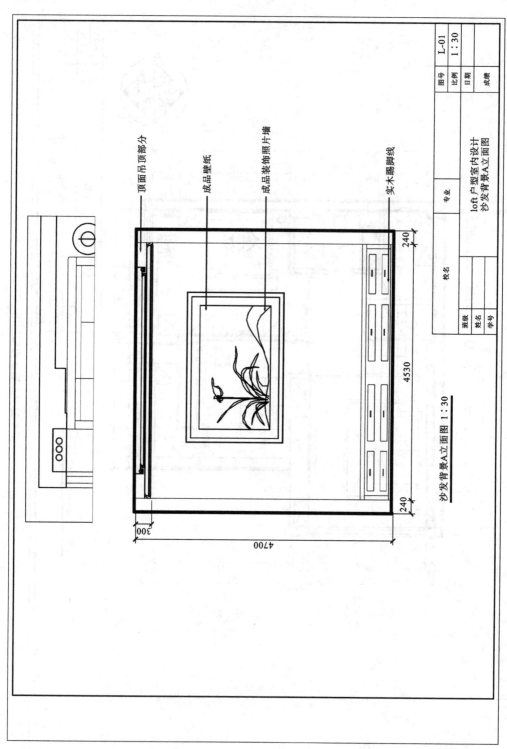

图5-24 沙发背景A立面图

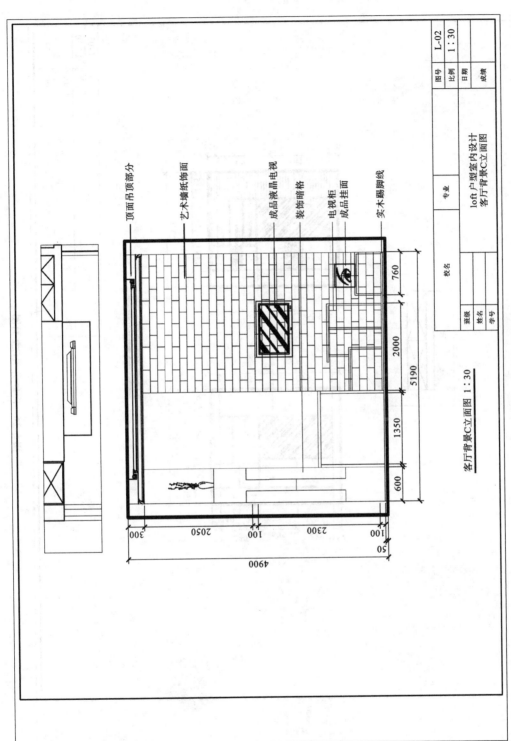

客厅背景C立面图 1：30

顶面吊顶部分

艺术墙纸饰面

成品液晶电视

装饰暗格

电视柜

成品挂面

实木踢脚线

图号	L-02
比例	1：30
日期	
成绩	

| 专业 | loft户型室内设计 客厅背景C立面图 |

| 校名 | |

班级	
姓名	
学号	

图 5-25 客厅背景C立面图

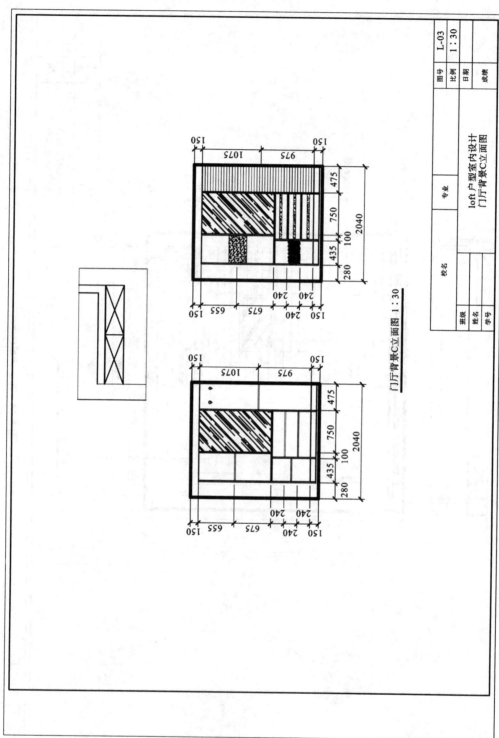

图 5-26 门厅背景C立面图

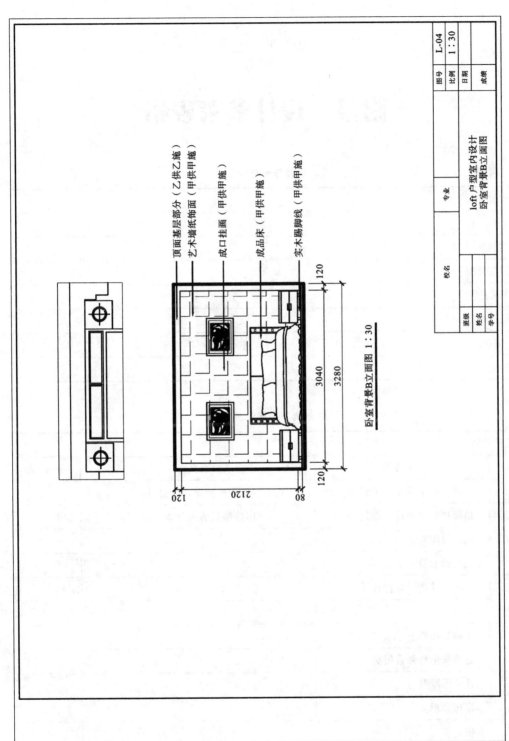

卧室背景B立面图 1：30

顶面基层部分（乙供乙施）
艺术墙纸饰面（甲供甲施）
成口挂画（甲供甲施）
成品床（甲供甲施）
实木踢脚线（甲供甲施）

校名		专业		loft 户型室内设计 卧室背景B立面图	图号	L-04
					比例	1：30
班级					日期	
姓名						
学号					成绩	

图 5-27　卧室背景B立面图

附录 设计参考表格

附表 1 项目报价总价表

建设单位			
工程名称			
建筑面积		m²	
结构类型			
工程造价		元	
经济指标		元/m²	
编制人		审核人	
编制时间			

附表 2 单位工程费汇总表

工程名称：

序号	项目名称	公式	金额/元
1	分部分项工程量清单计价合计	（工程量清单计价合计）	
2	措施项目清单计价合计	（措施项目清单计价合计）	
2.1	临时设施费		
2.2	检验试验费		
3	其他项目清单计价合计		
4	规费		
4.1	工程排污费		
4.2	建筑安全监督管理费		
4.3	社会保障费		
4.4	住房公积金		
5	税金		
6	工程造价		

附表 3   装修工程项目报价书

客户			地点：							
编号	工程项目	单位	工程造价			其中				备注
			数量	单价	金额	主材	辅材	机械	人工	损耗	

(表格有多行空白行)

附表 4   毕业设计图签（图纸标题栏）

院校名称		专业		图号	
				比例	
班级		图名		日期	
姓名				成绩	
学号					

附表 5   毕业设计成绩汇总表

序号	班级	学号	姓名	性别	指导教师	课题名称	成绩组成			毕业设计总成绩/分	实习总评分/分
							指导教师评分(25%)	评阅教师评分(25%)	答辩成绩(50%)		

(表格有多行空白行)

参考文献

[1] 李砚祖. 设计问题 [M]. 北京:中国建筑工业出版社,2010.

[2] [日]原研哉. 设计中的设计[M]. 朱锷,译. 济南:山东人民出版社,2006.

[3] 尹定邦. 设计学概论 [M]. 长沙:湖南科学技术出版社,2009.

[4] 高祥生,韩巍,过伟敏. 室内设计师手册(上、下) [M]. 北京:中国建筑工业出版社,2003.

[5] 张绮曼,郑曙旸. 室内设计资料集 [M]. 北京:中国建筑工业出版社,1991.

[6] 周燕珉. 住宅精细化设计 [M]. 北京:中国建筑工业出版社,2008.

[7] 王朝晖. 建筑装饰装修施工工艺标准手册 [M]. 北京:中国建筑工业出版社,2004.

[8] 崔丽萍. 建筑装饰材料、构造与施工实训指导 [M]. 北京:北京理工大学出版社,2015.